AF532020

Thomas Cortesi • Michaël Levivier

BULLI

Fahren. Fühlen. Leben

MIT EINEM VORWORT VON

Pierre Boutin
Präsident der Volkswagen Group Canada

DEUTSCHE ÜBERSETZUNG VON

Michael Dörflinger

Ich erinnere mich noch genau an das erste Mal, als ich in einen Bulli gestiegen bin. Ich war acht Jahre alt, es war in Quebec und wir fuhren mit Freunden der Familie für einen Tag zum Angeln. Der Bulli war beige und weiß, Farben, die nicht unbedingt begeisternd waren, doch hinter seiner riesigen, gewölbten Windschutzscheibe lockte das Versprechen eines großartigen Tages. Es klingt heute zweifellos ein bisschen klischeehaft, wenn ich sage, dass wir einfach den Tag damit verbracht haben, an einem Ufer am Lagerfeuer zu picknicken, aber genau das hat mir als Kind, das ich damals war, unglaubliche Momente der Freiheit geschenkt, an die ich mich noch heute gern erinnere. Die Erinnerung an den Bulli lässt sich nicht darauf reduzieren, dass man über die Geschichte dieses Fahrzeugs spricht, das seit seiner Einführung im Jahr 1950 voller Elan durch die Zeit gefahren ist. Der Bulli ist eine Legende. Natürlich für die Marke VW, für Autofans, aber auch – und vor allem – für all diejenigen, die von der Flucht aus dem Alltag, von Abenteuern und gemeinsamen Erlebnissen träumen. Seine größte Stärke ist es, sich einen Platz in den Herzen seiner Besitzer erobert zu haben. Es sind die Menschen, die den Bulli erfolgreich gemacht haben. Er hat ihr Leben verändert. Es ist übrigens kein Zufall, dass viele ihm einen eigenen Namen geben. Der Bulli wird ein vollwertiges Familienmitglied mit eigener Persönlichkeit. Die sentimentale Bindung geht weit über die erbrachten Dienste hinaus. In der Automobilgeschichte ist nur wenigen Modellen diese Synthese gelungen, der Bulli gehört dazu. Volkswagen hat sich in den letzten Jahren einer großen Herausforderung gestellt. Wir haben geschaut, was die Marke repräsentiert und welche Rolle wir für die Mobilität von morgen spielen wollen. Daraus entstand der ID. Buzz. Der Mikrobus von morgen, der auf unserer All-new Electric Architecture MEB entwickelt wurde, wird zu 100 Prozent elektrisch betrieben, ist zu 100 Prozent vernetzt und CO_2-neutral. Vor allem wird er dem Bedürfnis nach Einfachheit und Benutzerfreundlichkeit gerecht, einst das Erfolgsrezept des Bulli. In einer immer komplexer werdenden Welt ist dieses Streben nach Einfachheit, Intuitivität und Nähe zu unseren Kunden ein entscheidender Faktor, der uns bei VW antreibt und unsere Modernisierung bestimmt. Und was könnte einfacher sein als der Bulli und die Momente des Lebens, die er schon immer evoziert hat? Mit dem ID. Buzz möchten wir die Elemente der Einfachheit, Effizienz, der Modularität und diese Fähigkeit zum Umbau beibehalten. Sie ermöglichen es uns, die Abenteuer des Alltags zu erleben, kleine oder große. Eine natürliche und individuelle Nutzung, die den Bulli in der Vergangenheit erfolgreich gemacht hat und ihn zweifellos auch bei den kommenden Generationen zum Erfolg führt.

»Es sind die Menschen, die den Bulli erfolgreich gemacht haben.«

Pierre Boutin, Präsident der Volkswagen Group Canada Inc.

LOVE
PEACE

Christophe R.
1969 | Pitchoune

Le Saint
Vins Naturels
CH-825-SV

Bar Restaurant
CH-825-SV

Entspannt und glücklich lebt Christophe jeden Tag seine Bulli-Leidenschaft, mit Musik und einem Lächeln.

Christophe ist als Bulli-Fan ein Spätstarter, doch dann ging es sehr schnell: »Jetzt bin ich dran!« Er ist Reiseführer geworden und entdeckt seitdem freudig und gut gelaunt den Reichtum des Lyonnais vom Pitchoune aus, seinem sonnengelben VW Bus!

Überall wo er durchfährt, schlägt dem Bulli Zuneigung entgegen.

Christophe R.

»Ich bin erst spät beim Bulli angekommen: Vier Jahrzehnte mussten vergehen. Es gibt solche, die schon in einem Bulli geboren wurden, und dann diejenigen, die lange von ihm geträumt haben und sich eines Tages sagen: „Gut, das reicht! Jetzt bin ich dran!“ Ich gehöre zu dieser zweiten Kategorie. Ich bin 48, aber seit ich meine Bullis fahre, fühle ich mich zehn Jahre jünger.« Mit einem breiten Grinsen erzählt Christophe seinen Werdegang: »Meine Geschichte ist sehr einfach. Sie beginnt mit dem VW Käfer und dem berühmten *Herbie*, den alle im Fernsehen geguckt haben. Oft machen sich Menschen darüber lustig, wenn sie erfahren, dass mein Bulli einen eigenen Namen trägt. Aber sie vergessen dabei, dass auch die Begeisterung für den Käfer mit einem Spitznamen zu tun hat. Außerdem besteht zwischen dem Käfer und dem Bulli eine enge Verwandtschaft: Ein Niederländer namens Ben Pon hat den ersten Bulli auf der Plattform des Käfers entworfen.« In der Tat hatte der Volkswagen-Importeur Ben Pon 1947 im Wolfsburger VW-Werk ein kleines Gefährt entdeckt, das die Arbeiter gebaut hatten, um damit Paletten zu transportieren. Er skizzierte daraufhin einen ganz neuen Fahrzeugtyp mit Heckmotor und einem großen Kasten. »Er verwendete die Plattform des Käfers und stellte eine Art riesigen Schuhkarton drauf. Und so erschuf er den ersten Minivan!« Christophe hat sich zum echten Kenner entwickelt. Doch er ist nicht mit dem Bulli im Herzen aufgewachsen. »Es war nicht der Traum eines Kindes, sondern der eines Erwachsenen, der wieder ein Kind geworden ist. Es ist etwas, das sehr schnell gereift ist. Ich hatte das Gefühl, ihn zu kennen, ohne seine mythische Kraft wirklich zu begreifen. Deshalb muss man seine Geschichte kennen. Der Bulli gehörte allen Generationen, allen Gesellschaftsgruppen: Hippies, Surfer, Familien, Facharbeiter, Klempner, Maler – jeder hat ihn genutzt. Seine Historie hat mich dazu gebracht, ihn zu schätzen und seine kleine Schnauze zu lieben. Dann kam das Vergnügen, mit ihm zu fahren. Du packst das alles in eine Tasche und sagst dir: Ich will auch einen haben! Ich will auch herumkurven und mit so einem Auto fahren.« Christoph kaufte sich einen VW T2 in der Ausführung als Kleinbus, der sich perfekt dafür eignete, seine große Patchworkfamilie, die fünf Kinder zählt, in den Ferien ans Meer mitzunehmen. Auf Campingplätzen liebt Christophe die Bohème-Atmosphäre. Nach seinem Vierzigsten zog Christophe nüchtern Bilanz: »Ich übte einen Beruf aus, der mir keine Freude machte. Ich war ein umtriebiger Vertriebler, ein Schlipsträger und immer auf der Straße, um in 17 Départements Verkaufsgespräche zu führen. Dank Axelle, meiner ältesten Tochter, die damals 17 Jahre alt war, lenkte ich als Vierzigjähriger der nicht mehr wusste, was er anstellen sollte, mein Leben wieder in die rechten Bahnen. Sie hatte gesehen, wie ich Kunden, Freunde oder die Familie mit touristischen oder ungewöhnlichen Spaziergängen durch Lyon geführt habe – auf Entdeckungstour durch die Stadt, die ich liebe. Axelle sagte mir also: „Du brauchst doch nur das tun, was du liebst. Du nimmst deinen Bulli und zeigst den Leuten deine Stadt!“« Voller Enthusiasmus wagte Christophe den Schritt, knüpfte Kontakte zu Tourismusorganisationen in Lyon und gründete seine kleine Firma: »In Lyon gibt es ein Unternehmen namens *My little Kombi*. Dahinter steckt ein Mann – und das bin ich! Ich zeige den Menschen im Bulli die Lyoner Altstadt, damit sie die Sehenswürdigkeiten der Stadt entdecken. Ich habe aus meinem Hobby einen Vollzeitjob gemacht.« Inzwischen wurde *Pitchoune Arthur* zur Seite gestellt, ein blauer VW-Bus Baujahr 1975, und *Pistache*, ein grüner Westfalia-Camper von 1977 – natürlich um weiterhin mit dem Bulli in den Urlaub fahren zu können …

Ein bisschen bunte und blumige Musik und wir beenden die Fahrt im Bulli in stimmungsvollem Ambiente …

1969 | PITCHOUNE

T2 • VW Bus • 1.600 cm³

»*Pitchoune* ist ein VW Bus Baujahr 1969, aber ein Modell 1970. Er ist eines der früheren Exemplare mit durchgehender Windschutzscheibe.« 1967 waren bereits 1.800.000 Exemplare der ersten VW-Bus-Generation T1 produziert worden, als das brandneue Modell T2 vorgestellt wurde. Deutlich moderner, ist er vor allem an seiner nicht mehr zweigeteilten Windschutzscheibe zu erkennen, die ihm im englischsprachigen Raum den Beinamen *Bay Window* beschert hat. »Vom Splittie habe ich die Finger gelassen, einerseits aus Kostengründen, aber auch weil er ein wenig zu klein für das war, was ich mit ihm vorhatte. Die T1 sind sehr schön, aber ich habe direkt auf den beliebtesten Bulli zugesteuert, der in allen möglichen Ausstattungen erhältlich war: Wohnmobil, Personen-Transporter, Kastenwagen, Pritschenwagen etc. Anfangs war er ganz weiß, aber ich habe meinen Kindern erlaubt, Blumenaufkleber anzubringen. Als ich ihn dann neu lackieren musste, habe ich fast drei Tage gebraucht, um alle Kleber wieder zu entfernen …« *Pitchoune* hat seinen ursprünglichen Charme konserviert. Das ist Christophe sehr wichtig: »Sein Motor ist ein Vierzylinder-Boxer mit 1.600 cm³ mit einfachem Vergaser. Was diese Fahrzeuge berühmt gemacht hat, ist ihre einfache Mechanik. Das soll aber nicht heißen, dass jeder daran rumschrauben kann. Allerdings ist es ein Motor, der in weniger als einer halben Stunde aus dem Heck ausgebaut werden kann. Der Motor ist noch original, ich habe jedoch im Laufe der Jahre fast alle Verschleißteile getauscht: Kolben, Zylinder, Zylinderkopf; und eine ganze Reihe von Zubehörteilen wie die Kraftstoffpumpe oder die elektronische Zündung, eine Verbesserung, die ich vorgenommen habe. Was ich heute vor allem suche, ist das Vergnügen. Seitdem ich von Berufs wegen mit meinem Bulli Personen befördere, brauche ich einen Personenbeförderungsschein und bin einer jährlichen technischen Kontrolle unterworfen, die alle sicherheitsrelevanten Bauteile überwacht. Seitdem rühre ich die Mechanik nicht mehr an. Das überlasse ich einem Profi. Im Übrigen hat der Wagen praktisch noch seine ursprüngliche Ausstattung, besonders im Inneren: Ich habe immer noch das Kunstleder des Baujahrs auf den Sitzen, der Vinyl-Himmel ist original, mit seiner crème-nikotin gehaltenen Farbe. Kunden sagen mir manchmal beim Einsteigen, dass er ein wenig den Geruch der Zeit konserviert hat.«

Originale Kunstledersitze, aber die Vorhänge sind selbst gemacht. Sie werden je nach Jahreszeit oder Laune ausgetauscht.

»Du hast es in der Hand, das Fahrzeug so anzupassen, dass sein Fahrverhalten zu deinem Fahrstil und deinem Lebensstil passt.«

Der Bulli, das zweite Modell bei Volkswagen nach dem Käfer, kann seine Verwandtschaft mit diesem nicht verleugnen.

Neu lackiert und dem Geschmack angepasst, führt dieser T2 jetzt ein zweites Leben, diesmal professionell, aber immer noch touristisch!

6
JARDIN
des PLAT
CH-825-SV

4
LLOYD.ASHER

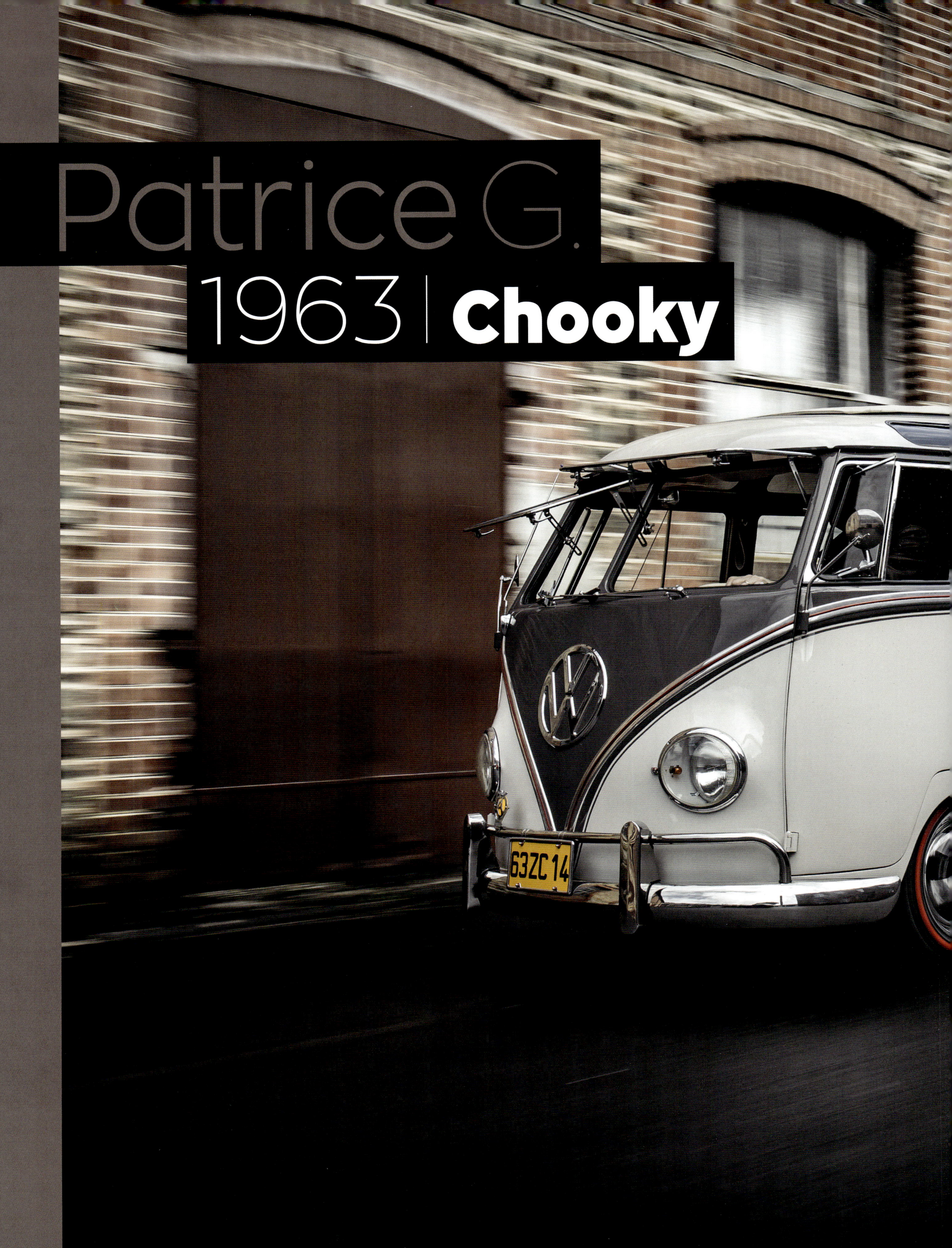

Patrice G.

1963 | Chooky

Chooky ist bis ins kleinste Detail perfekt. So besitzt er auf seiner Ladefläche eine passend lackierte Mehrzweckbox.

Patrice redet über seinen Pritschenwagen mit Doppelkabine wie über ein Familienmitglied mit Einfluss auf den Alltag. Der Wagen Baujahr 1963 wurde wie ein 1958er-Modell umgestaltet, Chooky getauft und sorgsam restauriert.

So viele Macken, dass er einen völlig bezaubert.

Patrice G.

Der Elektromechaniker und Forscher am CNRS (Nationales Zentrum für wissenschaftliche Forschung) für mechanisches Design Patrice ist genau und macht gern alles selbst. Der Autoliebhaber hat nach und nach zum Bulli gefunden. »Ich bin vor mehr als 35 Jahren in das Universum der alten Volkswagen eingetaucht. Zuvor hatte ich einige französische Autos, wie die Ente oder den Peugeot 203, an denen ich mit Kumpels herumschraubte, denn das Customizing hat mich schon immer fasziniert. Dann kam der Tag, an dem ich das Glück hatte, an einen Käfer Baujahr 1966 zu kommen. Irgendwann habe ich Eric wiedergetroffen, einen Mitschüler aus dem Gymnasium, den ich lange nicht gesehen hatte. Er hatte sich genau wie ich einen Karman Ghia Coupé zugelegt. Wir gründeten einen Stammtisch, zu dem sich dann auch andere Fans einfanden. Zu ihnen gehörte Hughes, über den ich meine Frau kennengelernt habe.« Hughes brachte zu einem Stammtischtreffen seine Cousine mit, ohne zu ahnen, dass auch Cupido da sein würde: »Es war Liebe auf den ersten Blick! Bei meiner ersten Begegnung mit Delphine war ich von Kopf bis Fuß mit Öl verschmiert. Später haben wir geheiratet und die Kinder bekommen. Unsere Tochter Mélodie ist anders als wir nicht im Banne der mechanischen Welt, doch mein Sohn Charly lebt in ihr zu 200 Prozent! Er hat sich übrigens entschieden, daraus einen Beruf zu machen und eröffnet demnächst in Thury-Harcourt seine eigene Karosseriewerkstatt: Charly's Workshop!« Charly ist – wie sein Vater – ganz vernarrt in den Bulli, seit er ein Modell T3 Baujahr 1983 fährt. Er hat ihn im Stil amerikanischer Vans der 1980er-Jahre umgebaut. Doch wie ist diese Liebe von Patrice zum Bulli entstanden? »Mein erster VW Bus war einer mit 21 Fenstern, den ich für rund 3.000 Francs (500 Euro) gekauft habe. Heute ist so ein Bulli an die 100.000 Euro wert. Der Preis war so niedrig, weil es ein Getriebeproblem gab. Doch das machte mir keine Angst. Ich habe ihn repariert und wieder verkauft. Doch in der kurzen Zeit, in der ich ihn fuhr, hatte es mir seine spezielle Fahrweise angetan. Man muss es selbst erlebt haben, um zu begreifen, dass der Bulli ein außergewöhnliches Auto ist. Man sitzt wie auf einem Stuhl. Das ist unbequem … In der Tat hat er so viele Macken, dass er einen völlig bezaubert.« Einige Jahre vergehen und Patrice verliebt sich in einen neuen Bulli. »Es war ein 23-Fenster-Modell, das ich von oben bis unten restauriert habe. Eigentlich war es ja ein 21-Fenster-Bulli Baujahr 1967, den ich zum 23-Fenster-Modell identisch dem Baujahr 1963 umgebaut habe. Diesen Bulli habe ich über eine Website namens *TheSamba.com* an einen Engländer verkauft. Als ich die Anzeige nach dem Verkauf löschte, stand eine andere gleich darunter. Es ging um einen Pritschenwagen mit Doppelkabine Baujahr 1963!« Sogleich war es um Patrice geschehen und er fuhr nach England, um sich diesen Bulli anzuschauen: »Er war total verrostet und in einem erbärmlichen Zustand. Früher war er in Utah, USA, als Schneepflug aktiv und wurde dann nach England verfrachtet. Bei der Heimfahrt bremste ich quasi mit den Sohlen, denn der Wagen hatte praktisch keine Bremse, dafür aber Löcher im Boden. Das war vor 13 Jahren.« Heute kann sich Patrice nicht mehr vorstellen, ohne Bulli zu leben. »Er ist Teil meines Lebens. Ganz einfach. Ich könnte fast sagen, er ist ein Familienmitglied.« Eine Leidenschaft, die Auswirkungen auf die Lebensplanung hat. »Wir haben unseren Tagesablauf so gestaltet, dass wir morgens und abends eine Stunde auf der Straße sind, um aufs Land zu kommen, Platz zu haben und unsere Passion von Grund auf zu leben. Sogar in unseren Ferien ist der Bulli immer dabei!«

63ZC14

Ich bin dem Resto-Cal-Look treu geblieben, einem ausgesprochen kalifornischen Stil.

1963 | CHOOKY

T1 • Pritschenwagen Doppelkabine • 2.110 cm³

»Der Pritschenwagen mit Doppelkabine Typ 265 Baujahr 1963 wurde vollständig restauriert. Er war ursprünglich beige, in seiner Schneepflug-Ära dann orangefarben, und als ich ihn kaufte, war er schokoladenbraun. Sein englischer Besitzer taufte ihn deshalb *Chooky*, ein Spitzname, den ich beibehalten habe.« Vier Jahre lang wird Patrice seine Freizeit dem Bulli widmen und ihn nach allen Regeln der Kunst restaurieren. »Meine Frau wollte keinen Maurer-Lastwagen. Ich habe ihr deshalb vorgeschlagen, eine Deluxe-Version wie den Samba zu bauen, die es als Pritschenwagen im Original nie gab. Ich habe sogar ein elektrisches Faltdach eingebaut, das ich von einem VW Polo Bel Air hatte.« Es macht Patrice viel Spaß, dass *Chooky* und er das gleiche »Baujahr« haben: 1963! »Ich bin dem Resto-Cal-Look treu geblieben, den ich bereits dem Vorgänger-Bulli verpasst hatte, einem ausgesprochen kalifornischen Stil.« Er ist mit einem Fünfganggetriebe des Porsche 912 aus den 1970er-Jahren ausgestattet. Dies erforderte den Einbau einer Hinterachse mit Gelenkwelle anstelle der serienmäßigen Hinterachsrohr-Konstruktion. Aus optischen Gründen wurde er mit pneumatischer Federung ausgestattet, damit die Höhe vorne und hinten separat eingestellt werden kann. Die Überarbeitung der Vorderachse erforderte viel Arbeit, tiefer legen und maximalen Lenkeinschlag erreichen. »Ich wollte keinen Bulli nur zum Vorführen zusammenschrauben, sondern im Gegenteil einen, mit dem man gut fahren kann. 2015 haben wir die *Best of Show* in Spa-Francorchamps gewonnen. Ich bin mit angehängtem Wohnwagen auf der Straße hin gefahren, als alle anderen Bullis des Wettbewerbs schon auf dem Plateau waren.« Natürlich hat sich Patrice um *Chookys* Motor gekümmert: »Der ursprüngliche Motor hat 1.200 cm³ Hubraum, aber der Motorblock aus Magnesiumlegierung kann für größere Zylinder aufgebohrt werden. Sein Hubraum beträgt heute 2.110 cm³. Ziel war es, einen straßentauglichen und keinen Rennmotor zu entwickeln. Er leistet rund 120 PS, weil wir das Drehmoment und die Elastizität bei niedrigen Drehzahlen bevorzugt haben, um den Wohnwagen auch bei Steigungen mühelos ziehen zu können.« Der Walk-around des Eigentümers geht weiter bei der Windschutzscheibe, die aus zwei Safari-Fenstern mit Edelstahlrahmen besteht, die geöffnet werden können. Dann die beiden hinteren Türen. »Die linke Tür gab es bei Doppelkabinen-Pritschenwagen nie. Das ist Marke Eigenbau! Es war notwendig, eine hintere Tür symmetrisch anzupassen, während die Steifigkeit der Karosserie erhalten blieb. Ich habe auch eine Serviceklappe eingebaut, um Platz für den Verstärker und die Kompressoren für die Aufhängungen zu schaffen. Aus struktureller Sicht war das eine meiner größten Herausforderungen.« So viele bedeutende Änderungen, die Patrice Spaß machen: »Das klassische Restaurieren interessiert mich kaum. Mir gefällt es, weiterzugehen bis hin zur Neugestaltung.« Patrice hat die Karosserie so umgearbeitet, dass sein Bulli einem Modell von 1958 ähnelt: »Ich habe die Kotflügel überarbeitet, die Frontblinker wurden durch Winker ersetzt, dazu kam eine ganze Reihe kleiner Details, die den Laien täuschen können. Da die ursprüngliche Anmutung schon lange aufgegeben war, erlaube ich mir diese Art von Fantasien.« Natürlich gab es bei den rustikalen Pritschenwagen keine Dachfenster, aber für die von Patrice geschaffene Deluxe-Version ist nur das Beste gut genug. »Er hat elf Fenster. Ich hätte es mit den hinteren Ecken auf 13 bringen können, aber ich habe vor, ihn wieder weiterzuentwickeln ...«

Patrice hat die Frontblinker durch Winker ersetzt, die seinem Pritschenwagen das Aussehen eines Bullis von 1958 verleihen.

Um die Kühlung seines getunten Motors zu verbessern, hat Patrice an den Lufteinlässen Windleitbleche angebracht.

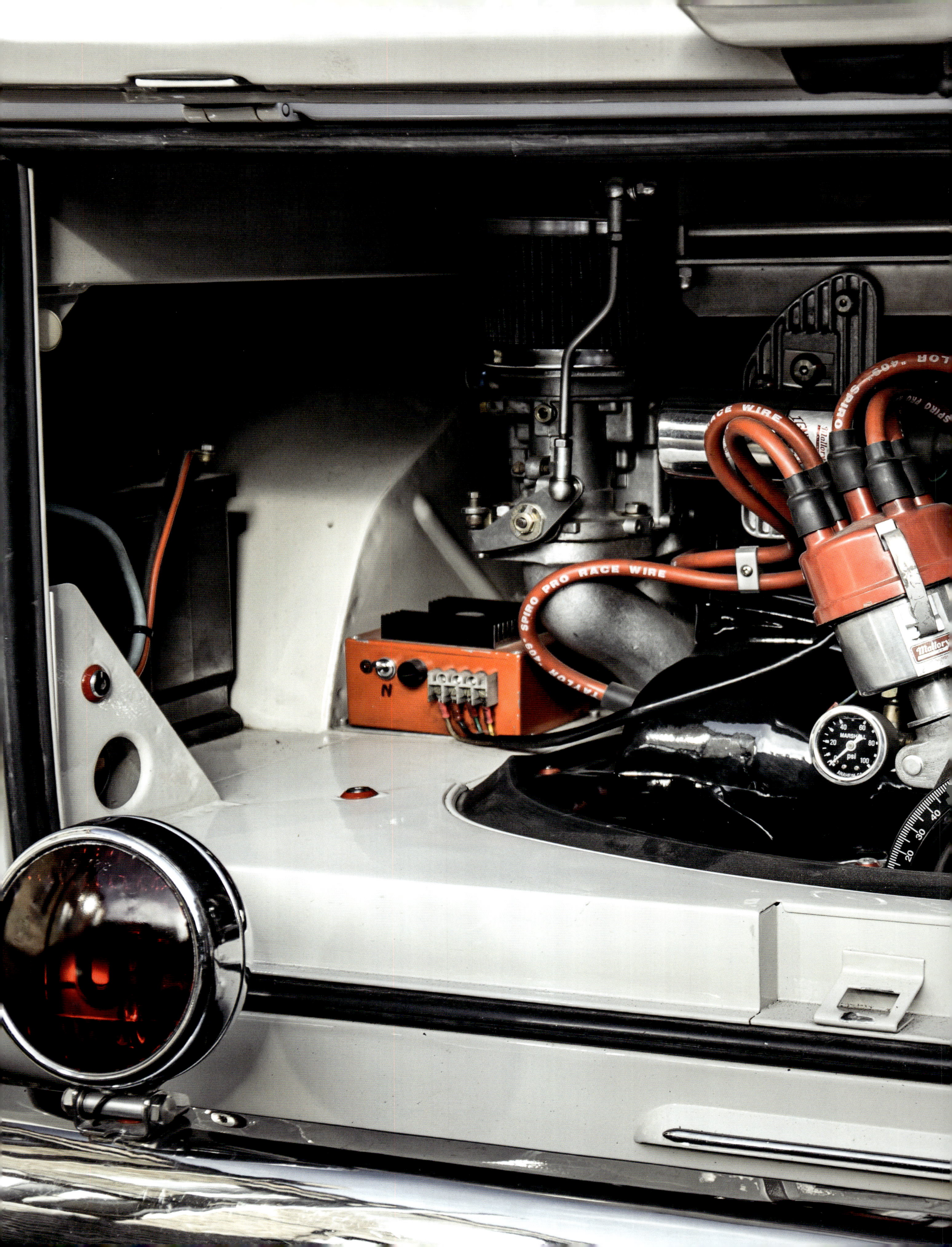
SPIRO PRO RACE WIRE
MARSHALL
psi
Mallory

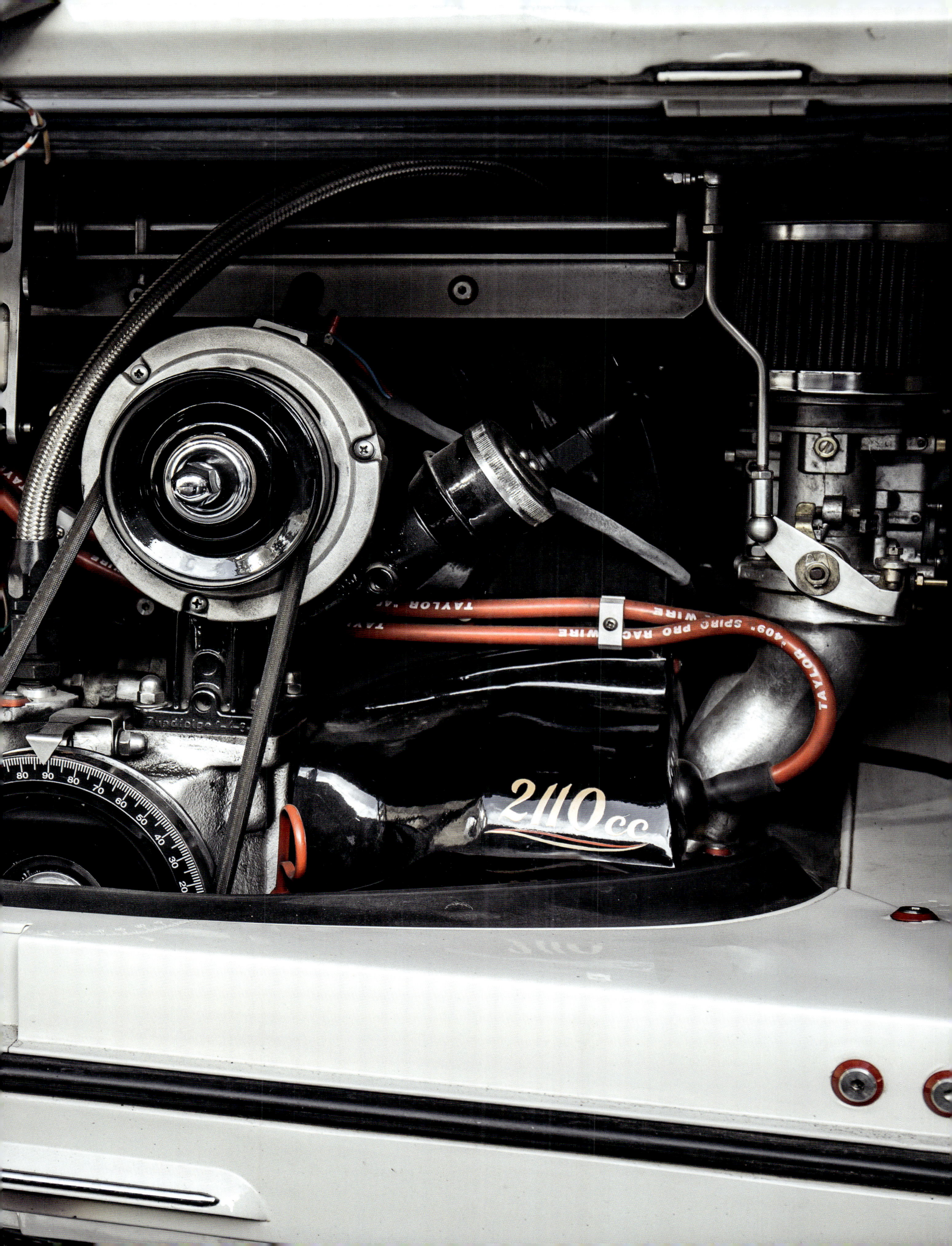
2110cc

Das gepflegte Finish zeigt sich auch noch im Laderaum, wo die verchromten Kompressoren auf einem roten Teppich ruhen.

Dieser hübsche Schaltknopf regelt ein Porsche-Fünfganggetriebe, das aus einem 912er der 1970er-Jahre stammt.

Chooky
VOLKSWAGEN
BEVERLY HILLS
63ZC 14
HILLCREST MOTOR CO.

Pascal A.

1967 | **Wind Split**

MORRIS

Pascal hat am Steuer seines Bulli Dragster über zweihundert Rennen bestritten!

In jungen Jahren mochte Pascal den Bulli nicht. Dank seiner Frau hat er aber gelernt, ihn zu lieben und machte ihn zu seinem Beruf und zu seiner Passion. Der Sammler hat einen Dragster auf Basis eines T1 mit Hochdach Baujahr 1967 erschaffen. Aufsehen garantiert!

Ich musste etwas um den Bulli herum bauen.

Pascal A.

Pascal ist ein bekanntes Gesicht in der Bulli-Szene. Als Chef der Firma Serial Kombi, die sich auf die Lieferung von Ersatzteilen für VW Bus und VW Transporter spezialisiert hat, wie auch als Organisator des French VW Bus Meeting, des zweitgrößten Bulli-Treffens der Welt, lebt Pascal heute zu 200 Prozent mit dem Bulli. Doch das Kapitel hätte auch kurz sein können … »Anfangs mochte ich den VW Bus nicht. Mir war er zu sehr Lastwagen und das machte keinen Spaß«, gibt er zu. Seine Liebesgeschichte mit dem VW Bus beginnt dank seiner Ehefrau. »1992 hat sich meine Frau Yolaine einen Käfer gekauft. Ich begann, mich in Magazinen über ihn zu informieren und kam dabei auf den Bulli. Und dann auf einem Käfer-Treffen haben wir den T1 mit zweigeteilter Frontscheibe entdeckt und er begann uns zu gefallen. Wir haben vor allem seinen Nutzwert gesehen. 1995 kauften wir unseren ersten Bulli, einen T2B Westfalia Baujahr 1975, als Reisemobil. Und ein Jahr später haben wir unseren ersten T1 gekauft!« Doch Pascal sah sich schnell mit der Realität konfrontiert, der Schwierigkeit, passende Ersatzteile zu finden: »Damals verkaufte niemand in Frankreich Ersatzteile für den Bulli. Für den Käfer gab es genügend, aber nicht für den Bulli. Wir mussten unsere Teile im Ausland besorgen.« Als studierter BWL'er mit Spezialgebiet Firmengründung hat sich der damals 26-jährige Pascal gedacht, es sei jetzt die Zeit, zur Tat zu schreiten. »Yolaine und ich haben überlegt, dass wir etwas rund um den Bulli aufziehen wollten. Damals sah man kaum einen fahren, denn die meisten waren abgestellt, und die Bulli-Teile wurden gern für die Restaurierung von Käfern verwendet. Das Internet gab es damals noch nicht und nur Teile verkaufen war unmöglich. Wir hatten uns daher entschlossen, Serial Kombi zu gründen, eine Kfz-Werkstatt für Reparaturen, Wartung, Restaurierung, Ersatzteilverkauf und Handel mit Bullis.« Das Abenteuer begann im Januar 1999 in der heimischen Garage in Le Versoud bei Grenoble. »Wir konnten genau zwei Fahrzeuge in der Garage unterstellen«, erinnert sich Pascal vergnügt. Das Geschäft liefen gut an und sehr schnell entstand Platzbedarf. Die Firma wuchs, 2002 trat mit Jean-Luc Faure ein dritter Partner ein. Sie zogen in neue Räumlichkeiten um – immer noch in Le Versoud. Sie wuchsen von 100 auf 800 m². Mit dem Aufkommen des Internets eröffnete Serial Kombi seinen ersten Online-Shop. Die Werkstattaktivitäten wurden eingestellt und man konzentrierte sich auf den Verkauf von Ersatzteilen, wobei nun auch Teile für den T3 angeboten wurden. Im Laufe der Jahre, in denen der Bulli immer mehr Anhänger gewann, blühte das Geschäft auf und die Zahl der Mitarbeiter wuchs bis 2017 auf 18. Wieder wurde ein Umzug nötig. »Heute haben wir uns auf einer Fläche von 1.600 m² niedergelassen und die Mitarbeiterzahl beträgt 24. Und wir verkaufen die Ersatzteile in ganz Europa.« Parallel zu seiner beruflichen Tätigkeit entwickelte Pascal eine wahre »Bullimie« . Yolaine und ihm bieten sich unweigerlich zahlreiche Modelle an, die sie zum Träumen bringen: T1, T2, Westfalia, Pritschenwagen, Transporter und sogar ein Leichenwagen – alles muss her … »Der Leichenwagen wird nur bei Ausstellungen eingesetzt, denn er ist eine echte Rarität: Es wird auf der Welt wohl noch fünf Exemplare geben.« Doch Pascals echter Bulli-Wahnsinn ist von einer anderen Art. Er ist laut, gewalttätig, exzessiv und erfolgreich, denn Pascal bestreitet seit 2009 mit seinem Hochdach-T1 von 1967 Dragster-Rennen. Sein T1 heißt *Wind Split* und wird dank NOS-Einspritzung auf 300 PS gemästet.

Wind Split
www.serial-kombi.com
Go to Bonneville Salt Flats!
CSP
NOS

BHJ 956
TRIMIG
MS109
MAKIN' POWER

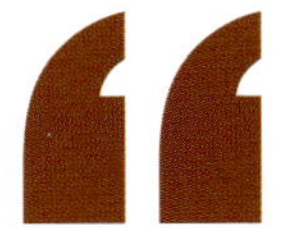

Wind Split ist seit Jahren der schnellste Bulli der Welt.

1967 | WIND SPLIT

T1 • Hochdach • 2.332 cm^3

»Mit Freunden besuchte ich 2007 im belgischen Chimay ein neues Dragster-Event: das European Bug-In. Das ist ein VW-Treffen, das den Geist des 1968 an der Westküste der USA begründeten Bug-In aufnimmt, eines der berühmtesten VW-Events!« Pascal ist damals bereits ein großer Dragster-Fan und nun ist er buchstäblich darin »gefangen«. Mit Jean-Luc, seinem Partner, Gérald, seinem ersten Mitarbeiter, und Sylvain, einem Motorexperten, stellt sich Pascal einer Herausforderung: einen Bulli-Dragster zu bauen! »Wir wollten einen echten Dragster haben, der nur auf der Strecke eingesetzt werden kann. Der Plan sah vor, dafür einen meiner Bullis zu opfern. Meine Wahl fiel auf den ab Werk mit Hochdach ausgelieferten T1 Baujahr 1967, mir dem ich nicht wirklich etwas anfangen konnte. Natürlich war es eine lächerliche Idee, einen Bulli mit katastrophaler Aerodynamik für einen Dragster zu wählen, aber das hat uns nur noch stärker motiviert. Zu jener Zeit waren die Hochdach-Modelle unbeliebt und wurden oft umgebaut, um zu einem Standarddach zurückzukehren: Es war das hässliche Entlein par excellence. Für uns war er perfekt! Er sollte zugleich schön und leistungsstark sein.« Zwei Jahre lang haben Pascal und seine Freunde an der Verwirklichung dieser wahnwitzigen Spinnerei gearbeitet: »Ziel war es, den Umbau im Geist der Siebziger zu machen, so als ob der Wagen damals konstruiert worden wäre. Wir mussten ihm ein schönes Dekor geben, ihm einen Namen finden und den typischen VW-Motor mit einem luftgekühlten Vierzylinder zu behalten.« Auch wenn es leicht gewesen wäre, einen Sechszylinder-Boxermotor von Porsche oder einen Turbo einzubauen, blieb Pascal bei seinem ursprünglichen Plan. Der alte Hochdach-T1 erhielt eine prächtige weiß-braune Lackierung und wurde auf einen hübschen Namen getauft: *Wind Split*. Den 1.600 cm^3 großen Motor überließ Pascal seinem Freund Sylvain von Slymotors. Mit Hilfe spezieller Ersatzteile und Zaubertricks erschuf er einen Vierzylinder-Boxer mit 2.332 cm^3, der 230 PS entwickelt und der mit Nitrous-Kit sogar auf 300 PS hochschnellt. Bei einem englischen Dragster-Spezialisten ließ sich Pascal ein manuelles Vierganggetriebe herstellen: »Das Ziel ist es, die 400-Meter-Linie Vollgas im Vierten zu erreichen!« Er weiß, dass die höchste Drehzahl 8.000 U/min beträgt, der Bulli war in eine Bombe verwandelt, die Pascal voll ausnützt und regelmäßig einsetzt: »Ich habe 2009 mein erstes Rennen absolviert und seitdem nehme ich im Schnitt an fünf, sechs Veranstaltungen jährlich teil. Wenn man pro Wettbewerb vier oder fünf Einsätze rechnet, bin ich bei mehr als 200 Starts hinter seinem Lenkrad gesessen.« Besser noch, Pascal und sein *Wind Split* haben Maßstäbe gesetzt. »Es sind nicht viele, die in einem VW-Bus an einem Dragster-Rennen teilnehmen und man schaut sich die Performance der anderen natürlich sehr genau an. Mit der Zeit von 12'10 beim 400-m-Start ist *Wind Split* seit Jahren der schnellste Bulli der Welt. Und doch denke ich, dass wegen des hohen Daches gut eine Sekunde verloren geht ... «

Diese beiden Schalter werden verwendet, um das NOS-Kit zuzuschalten und die Ventilatoren einzuschalten – außerhalb des Rennens.

Glitzer-Schalensitze versprühen den Geist der 1970er, der Pascal so wichtig ist.

CLYDE BERG
TAYLOR

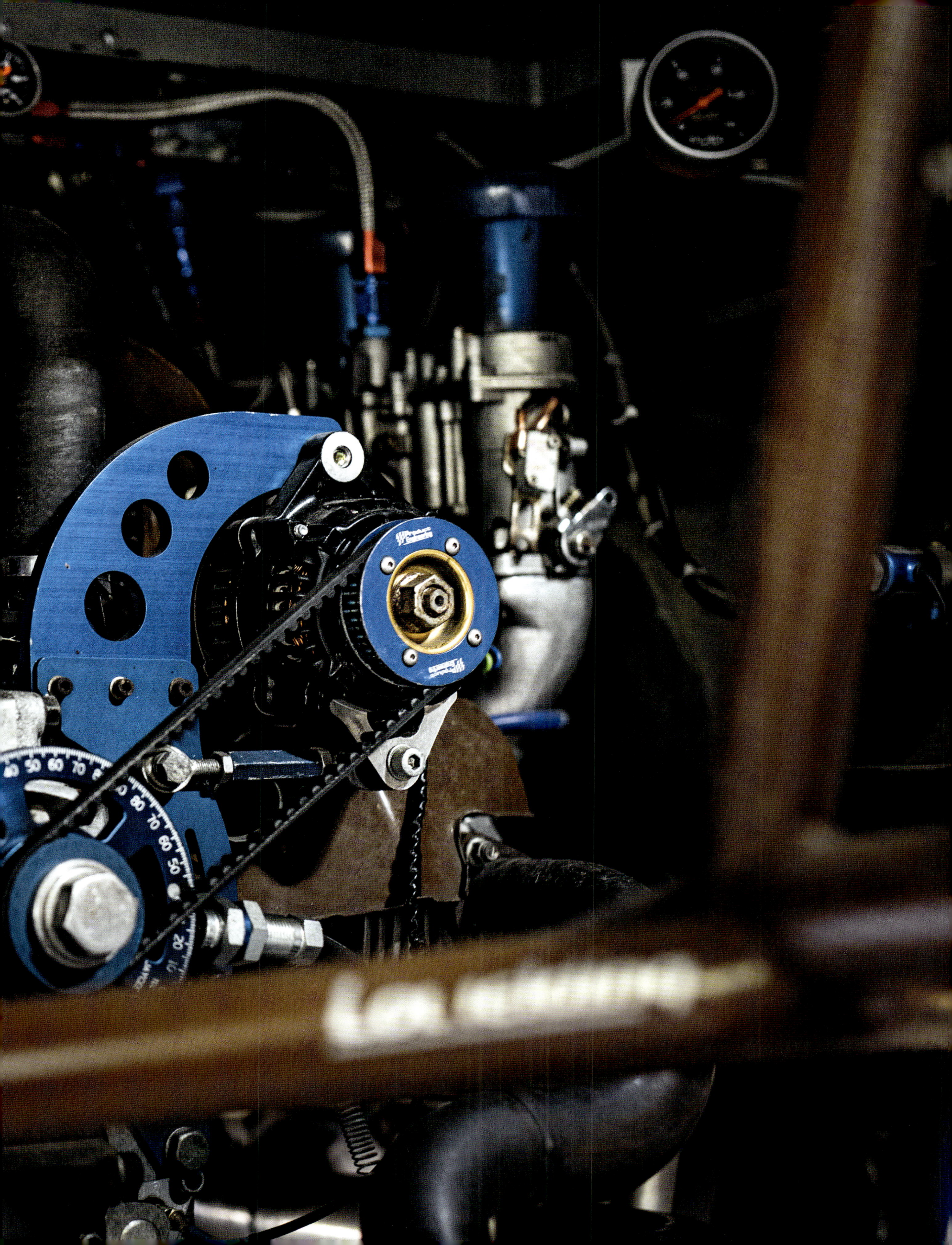

8.000 U/min, das ist die höchste Drehzahl, die der 2.332 cm³ große Vierzylinder jetzt erreicht!

Bei den Reifen handelt es sich um Dragster-spezifische Slicks, die für das Rennen maximal entleert werden, um den Grip zu optimieren.

Wind Split
www.serial-kombi.com
Go to Bonneville Salt Flats!
CSP

O/FF 71
erial-kombi.com
Cool
AQUA fresh
3M

Antoine M.

1965 | La Canette

#
Sefie
Kombi
Flowers

LOVE
PEACE
FG-299-KP

Hinter den Safari-Fenstern entdeckt man auf dem Armaturenbrett eine Miniaturnachbildung von Antoines Hippie-Bulli.

Vom Kennenlernen seiner Eltern dank eines Käfers bis zu seiner Liebe zum T1 lebt Antoine sein Künstlerleben im Banne historischer VW. Sein Flower-Power-Bulli, eine Hommage an Woodstock, ist der ideale Bus, um seine Musikgruppe zu befördern.

Ein unvergleichliches Gefühl der Freiheit.

Antoine M.

»Wen das Schicksal sich eines Menschen bemächtigt, lässt es einen nicht leicht wieder los«, schrieb der Schriftsteller und Gelehrte Jean Dutourd. Das Schicksal von Antoine war bereits 1973, lange vor seiner Geburt, besiegelt, als sein Vater Jean-Pierre bei seiner Mutter Marie-France einen Käfer kaufte. Sie war damals Verkäuferin bei einem unabhängigen Volkswagen-Händler. Und Antoine wurde größer, immer wieder hörte er die Geschichte, wie sich seine Eltern dank dieses berühmten Käfers kennen lernten. »Als ich zehn Jahre alt war, kaufte mein Vater einen Baboulin-Buggy mit VW-Motor und wir sind auf VW-Treffen gefahren.« Unter diesen Umständen ist es nicht verwunderlich, dass sich der 18 Jahre junge Mann wenige Monate vor seinem Führerschein im Oktober 2006 seinen ersten Käfer leistet. »Es war ein VW 1303 Baujahr 1972. Aber sehr schnell, nach einigen Meetings mit meinem Käfer, wurde mir klar, dass ich einen Bulli wollte!« Angezogen vom unwiderstehlichen Geist von Freiheit und Abenteuer, den der berühmte VW Bus ausstrahlt, verfiel Antoine buchstäblich dessen Charme. »Ich habe den T1 immer gemocht. Die T2, auch wenn sie wieder in Mode sind, ziehen mich weniger an. Es ist keine Frage der Leidenschaft für eine Marke sondern vielmehr eine große Vorliebe für dieses Modell.« Nach einigen Rückschlägen mit Käfern – 2007 wurde sein erster nach einem Unfall verschrottet, ein darauf folgendes Cabrio war wegen schlechter Ausführung der Restaurierung lange abgestellt – warf Antoine sein Auge auf einen T3, der finanziell besser zu stemmen war als der T1. »Es war ein Westfalia Joker Baujahr 1987, der meinen Großeltern gehört hatte und den ich 2009 gekauft habe. 1,6-Liter-Dieselmotor und Vierganggetriebe: das dickste Kalb in der Geschichte der Camper!« Antoine probierte so das Leben unter freiem Himmel aus und entdeckte »dieses unvergleichliche Gefühl der Freiheit«. Doch in einer Ecke seines Gehirns und seines Herzens lodert der T1 weiter: »Seit ich 17 war, habe ich vom T1 geträumt. Das Modell spielte keine Rolle, da der T1 je nach Generation unterschiedliche Ausstattungsmerkmale aufweist. Was mich faszinierte, war sein Gesicht. Es hätte ebenso gut ein Kastenwagen Baujahr 1958 sein können wie ein 21-Fenster-Bus von 1967.« Er verkaufte seinen Westfalia und dann sein Käfer-Cabrio, um 2017 sein Haus zu finanzieren, doch Antoine vergaß sein Projekt nicht und richtete sich so ein, dass ihm ein kleines Budget übrig blieb, um seinen Traum zu verwirklichen. Mit seinen Freunden begann er zu recherchieren und stellte schnell fest, dass die Preise für einen T1 in Europa explodiert waren. Er nahm also die USA unter die Lupe, wo die Kosten noch überschaubar waren. Doch die Importkosten, die von den Händlern verlangt wurden, schreckten ab. Antoine gab nicht auf: »Wenn sie es schaffen, einen Bulli zu importieren, warum nicht auch wir?« Ende 2017 findet er den T1 seiner Träume, »ein sehr klassisches Modell, ein T1 mit elf Fenstern Baujahr 1964.« Es gelang ihm mit Hilfe eines amerikanischen Händlers, ihn nach Rotterdam liefern zu lassen. Im Januar 2018 machte sich Antoine auf den Weg nach Holland – zusammen mit seinen Freunden und allem, was man dazu brauchte, den Bulli zu starten und auf die Straße zu bringen: »Wir sind zum Abholen mit einer Batterie, einem Ersatzreifen, einem Zündsatz, vier Zündkerzen und einem neuen Benzintank im Gepäck gefahren. Leider, als wir vor Ort ankamen, mussten wir feststellen, dass man mit einem amerikanischen Fahrzeugschein nicht durch Holland fahren darf. Der Road-Trip wurde also gestrichen und wir mussten uns eine Notfalllösung überlegen. Letztlich fanden wir einen Spediteur, der mir den Bulli fünf Tage später vor die Haustür stellte.«

SPLACH

CHARTRES
Selfie
Kombi
Flowers

Ein Bulli, inspiriert von Woodstock.
Für einen Musiker ist das echt Klasse!

1965 | LA CANETTE

T1 • VW Bus • 1.200 cm^3

»Als mein Bulli bei mir zu Hause ankam, war er zwar fahrtüchtig, doch er brauchte in diesem Zustand eine umfassende Wartung.« Antoine machte sich an die Arbeit. Sein Ziel war das Super VW Festival in Le Mans im Juli 2018. »Man hatte ihn mit einer Farbrolle beige angestrichen. Die ursprüngliche Lackierung war oben weiß (Farbcode L289) und unten blau (L360). Er ist ein neunsitziger Typ 221. Er wurde mir innen völlig nackt geliefert, bis auf eine Westfalia-SO42-Sitzbank, die immer noch eingebaut ist. Über die ersten Jahre seines Lebens habe ich nicht viel Informationen, nur dass er im November 1964 Deutschland verlassen hatte, um am 10. Februar 1965 in Boston, USA, anzukommen. Aus diesem Grund wurde er mit amerikanischen Stoßdämpfern ausgestattet, sechs Ausstellfenstern und Scheinwerfern aus glattem Glas sowie speziellen roten Rücklichtern.« Antoine zieht individualisierte Fahrzeuge den Originalversionen vor und passte seinen Bulli mit komfortablem Interieur und einem tiefergelegten Look an seinen Geschmack an: Bank, Boden, Türverkleidung: alles wird überarbeitet und an einem kleinen Westfalia-SO23-Tisch ausgerichtet, der in der Mitte positioniert wurde, nicht wie üblicherweise seitlich. »Ich habe die Vorderachse mit einem Sway-A-Way-System um 11 cm verengt, damit die Räder nicht an den Kotflügeln reiben. Ich habe auch das lange Käfergetriebe (18 x 31) angepasst und die Reduzierstücke entfernt, um die Höchstgeschwindigkeit etwas zu steigern. Mit meinem 1,2-Liter-Motor mit 34 PS habe ich eine Reisegeschwindigkeit von 100 km/h bei einem Verbrauch von acht Litern. Und ich kann bei 3.200 U/min sogar bis zu 120 km/h fahren.« Im Mai 2019 lud das Volkswagen-Autohaus in Chartres Antoine ein, an einer Veranstaltung zum 70-jährigen Geburtstag des Bulli und zum 50-jährigen Jubiläum von Woodstock teilzunehmen: »Sie wollten auf meinem Bulli eine Werbefolie anbringen und ihm eine Flower-Power-Verzierung geben. Doch die Werbefolie hielt auf der Karosserie nicht.« Antoine war von den Arbeiten des Künstlers Valentin Chevauché so fasziniert, dass er zustimmte, dass sein VW Bus neu bemalt wird. »Mein Bulli stand zehn Tage in einem Einkaufszentrum, damit die Leute Selfies mit ihm machen konnten.« Die Geschichte bekommt eine ganz neue Dimension, wenn man weiß, dass Antoine ein professioneller Musiker ist: »Ein Bulli, inspiriert von Woodstock. Für einen Musiker ist das echt Klasse! Ich hatte den Gedanken irgendwo im Hinterkopf, wusste aber nie, wie ich ihn umsetzen könnte. Die Idee machte also viel Sinn für mich.« Heute bleiben Antoine und sein Bulli, der von einem seiner Freunde *La Canette* (Die Dose) getauft wurde, nicht unbemerkt. Ja noch besser: *La Canette* und sein Hippie-Dekor sind eine echte Visitenkarte für den Künstler: »Heute kann ich sagen, dass *La Canette* ein wesentlicher Bestandteil von *Humano Musico* ist, der Musikband, der ich angehöre.«

Die Lackierung dieses Bulli hat Valentin Chevauché alias CVZ signiert, der sich auf großformatige Fresken spezialisiert hat.

Treu auf seinem Posten: Das Autoradio von Volkswagen ist immer noch das Originale ab Werk!

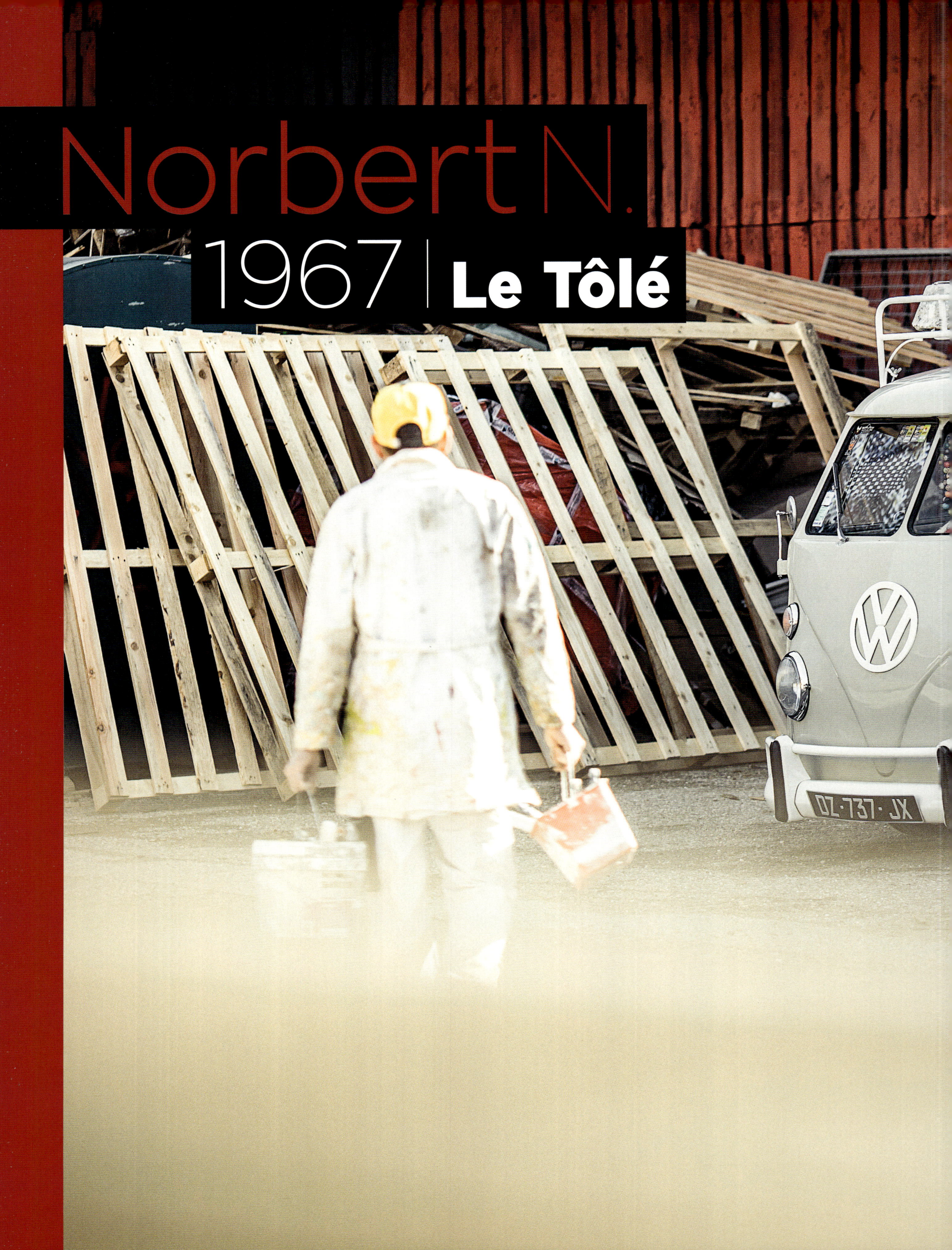
Norbert N.
1967 | Le Tôlé
DZ-737-JX

LE BON PEINTRE QUI LAQUE VITE ET BIEN
NAUDOT
PEINTURE - DÉCORATION
SOLS - MURS - PLAFONDS
norbert@naudot.com

DZ-737-JX

Norbert sitzt mit den Farbtöpfen zu seinen Füßen auf dem Sitz der Ladefläche. Wenn ein T1-Kastenwagen von 1967 noch nicht in den Ruhestand gegangen ist …

Kastenwagen sind eigentlich nicht für den Urlaub gemacht. Viele von ihnen hatten eine Karriere als Firmenwagen in allen möglichen Gewerken. Für den Maler Norbert fiel die Wahl auf einen T1-Kastenwagen Baujahr 1967!

Ich wollte das Nützliche mit dem Angenehmen verbinden und mit einem T1 in die Arbeit.

Norbert N.

»Mein Vater Jacques Naudot, besaß Oldtimer – Citroën Traction, DS Cabrio – und alle zwei Jahre fuhren wir mit einem Oldtimer in ein anderes europäisches Land. Drei seiner Freunde begleiteten uns jedes Mal. Es war eine Prozession von drei Traction-Cabriolets plus dem DS-Cabriolet meines Vaters. So sind wir durch Europa gefahren. Wir blieben einen Monat weg und ich als Kind mochte das sehr. Das einzige Problem war meiner Meinung nach, dass wir nicht in unserem Fahrzeug schlafen konnten. Wir mussten ein Hotelzimmer nehmen, eine Garage für die Autos mieten und in ein Restaurant gehen. Als ich 1996 dann 18 war, wollte ich deshalb mit meinem Auto in den Urlaub fahren und darin auch schlafen. Ich kaufte mir darum meinen ersten Bulli, einen Westfalia-SO42-T1 mit elf Fenstern Baujahr 1966.« Natürlich sind die Finanzen in jungen Jahren eher mau. Norbert konnte sich nur einen billigen Bulli leisten, der allerdings einen großen Reparaturaufwand erforderte. »Meine erste Restaurierung dauerte anderthalb Jahre. Zum Glück war ich umgeben und beraten von Freunden aus der Autobranche. Weil ich aber vor Lust darauf, einen Bulli zu fahren, fast verging, kaufte ich mir in der Zwischenzeit einen anderen Bulli, einen Kastenwagen Baujahr 1964. Mit ihm fuhr ich jeden Tag. Aber um die Restaurierung des 11-Fenster-Modells abzuschließen und die Reparatur des Motors zu finanzieren, musste ich meinen Kastenwagen wieder verkaufen. Ich habe es immer bereut …« Da sein Vater im Baugewerbe arbeitete, war ganz natürlich, dass Norbert eine Maurerlehre absolvierte und dann eine Fortbildung zum Bauleiter machte: »Mit 19 entschied ich mich dazu, ins Berufsleben einzusteigen. Mein Vater machte alles außer Anstreichen. Das mochte er nicht. Weil er dafür Mitarbeiter hatte, ging ich mit ihnen hinaus und so lernte ich das Malerhandwerk. Ich habe dann in mehreren Farbenfirmen gearbeitet.« In diesen Jahren verbrachte Norbert seinen Urlaub so oft wie möglich mit seinem Westfalia. Er fuhr nach Spanien, in die Ardèche, an die Côte d'Azur. Dies ging mehrere Jahre so. »Meine Bulli-Biografie ist eng mit der meiner Familie verbunden. Bei jeder Geburt kaufte ich einen Bulli. Meine Tochter Milie wurde 2006 geboren. Ich kaufte damals einen Pritschenwagen mit Doppelkabine Baujahr 1959. Ich präparierte seinen Motor, dass er 100 PS entwickelte, ich stattete ihn mit einem guten Fahrwerk aus, mit Safari-Fenstern, die geöffnet werden konnten, sowie Deluxe-Zierleisten … Kurz gesagt, ich habe ein tolles Ding gemacht und bin damit viel gefahren. Ich war bei vielen VW-Treffen in Belgien und Deutschland.« Ende 2009 beschloss Norbert, sich selbstständig zu machen und ein eigenes Malergeschäft zu eröffnen. 2012 vergrößerte sich die kleine Familie durch die Geburt von Marius. Und natürlich bereitete sich auch die Garage auf einen Neuzugang vor: »Die Geschäfte liefen gut. Ich fuhr einen Volkswagen, seit ich mit einem Transporter T5 zur Arbeit ging, aber ich wollte das Nützliche mit dem Angenehmen verbinden und mit einem T1-Kastenwagen auf die Baustellen fahren. Ich hatte noch meinen ersten Kastenwagen Baujahr 1964 im Hinterkopf und machte mich also auf die Suche. In Italien wurde ich dann fündig. Es war ein Modell von 1967, allerdings in einem sehr schlechten Zustand. Das Dach war löchrig, die Karosserie war unten verrostet, die Front eingedrückt. Es gab jede Menge Arbeit an der Karosserie zu erledigen. Deshalb vertraute ich den Wagen meinem Freund Nicolas Pennenguer an, einem hervorragenden Blechschmied.«

HALLMAN
MOTO CROSS
RACING

LE BON PEINTRE QUI LAQUE VITE ET BIEN
NAUDOT
N
PEINTURE - DÉCORATION
SOLS - MURS - PLAFON

DZ-737-JX

Naudot, der gute Maler, schnell und sauber.

1967 | LE TÔLÉ

T1 • Kastenwagen • 1.500 cm^3

»Am Anfang war es mein Plan, nur eine sparsame Restaurierung vorzunehmen und ihn schnell einsetzen zu können. Doch Nicolas Pennenguer ist ein Karosseriezauberer. Als ich das Ergebnis begutachtete, habe ich sofort die Geiz-Idee aufgegeben. Es sollte ein schöner Bulli werden. Ich ließ eine Trennwand mit einem Glasschiebefenster aus einem Krankenwagen einbauen, das die Vorder- von der Rückseite trennt. Weil ich dabei war, fügte ich hinter der Trennwand auch gleich einen Krankenwagensitz gegen die Fahrtrichtung hinzu.« Als guter Maler, der etwas auf sich hält, überließ Norbert natürlich die Farbe seines Kastenwagens nicht dem Zufall: „Dieses Grau ist die Originalfarbe des Bulli, als er 1967 ausgeliefert wurde. Sie heißt Lichtgrau, im offiziellen VW-Code L345.« Da der Wagen für die Arbeit vorgesehen war, dachte Norbert auch an seinen Schutz, besonders beim Parken in der Stadt: »Da es sich um ein europäisches Modell handelt, war er anfangs nicht mit amerikanischen Stoßstangen ausgestattet, mit diesen großen schwarzen Puffern, die optional wie Bananen hochgezogen sind. Das dient dem Schutz und ich liebe ihren Look.« Norbert stattete seinen Kastenwagen mit einem großen Dachträger aus, der das ganze Dach ausfüllt. Für den Maler unverzichtbar. »Solche Dachträger sieht man in den USA öfter als in Europa, er ist der Nachbau eines amerikanischen Dachträgers. Er ist super praktisch. Ich kann auf ihm mein komplettes Gerüst und Dinge wie sechs Meter lange Balken transportieren. Und dann steht es dem Bulli sehr gut, denn der Dachträger passt zu den Stoßstangen und Radkappen. Die Handschrift des Meisters zeigt sich oft in der Liebe zum Detail. »Normalerweise sind die Felgen weiß und die Radkappen lichtgrau L345. Ich habe es vorgezogen, das umzudrehen mit schwarzen Felgen und Radkappen in der Farbe von Stoßdämpfern und Dachträger: Weiß L90.« Wie jeder Bulli-Enthusiast blieb Norbert ein großes Kind, und wenn auch sein VW ein berufliches Werkzeug ist, entschied er sich für einen besonderen Look: »Ich habe ihn tiefer gelegt und so austariert, dass er ein bisschen wie ein Modellauto von *Dinky Toys* aussieht.« Norbert verpasste seinem T1 einen Motor, der einst die Stromaggregate der Schweizer Armee antrieb: »Sie verwendeten den Vierzylinder-Boxermotor von Volkswagen mit 1.500 Kubik, um Luft in ihre Bunker zu pumpen, die die Bevölkerung im Kriegsfall schützen sollten. Der, den ich gekauft habe, war nur 70 Stunden gelaufen. Ich musste nur das Schwungrad, den Vergaser und die Zündung austauschen und er funktionierte einwandfrei.« Jetzt blieb nur noch, ihm eine schöne Werbedekoration zu verpassen: »Auf einer Baustelle in einer ehemaligen Lyoner Spiegelfabrik fand ich im Keller einen alten Farbtopf aus den 1950er-Jahren mit einem sehr schicken Logo. Es stammte von der Malerei Zinaldo. Mit Richard, einem befreundeten Grafikdesigners, habe ich dieses Logo reproduziert und angepasst. Der Maler stand auf einem Z, das wir zu einem N drehten, und um es abzurunden, fügten wir einen Werbespruch in dem für die damalige Zeit typischen Stil hinzu: *Naudot, der gute Maler, der schnell und sauber lackiert*.«

Der in Weiß L90 gestrichene Dachträger ist die Reproduktion eines amerikanischen Modells.

Norbert hatte eine Trennwand vom VW Krankenwagen eingebaut, die mit einem Glasschiebefenster und einem Klappsitz ausgestattet ist.

TANK
40
60
80
100
120

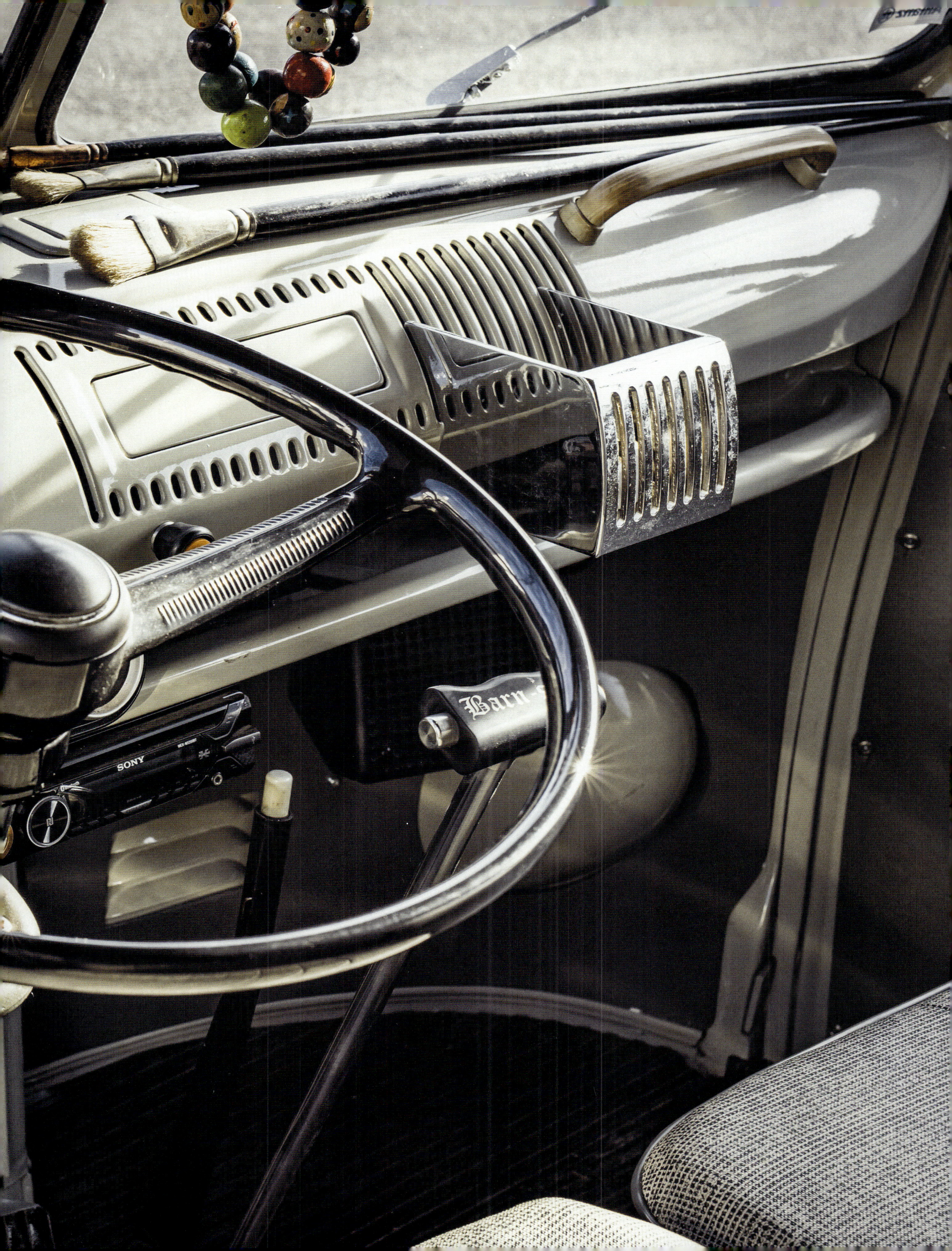
SONY

Diese sehr nützliche Parkscheibe bekam sein Vater 1971 von der Firma Sporting-Garage beim Kauf eines Käfers geschenkt.

Norbert gab seinem T1 einen Rückfahrscheinwerfer und montierte US-Stoßstangen mit Gummipuffern, die zu dieser Zeit optional waren.

Made in USA 7 mm
70
60
50
40
30
20

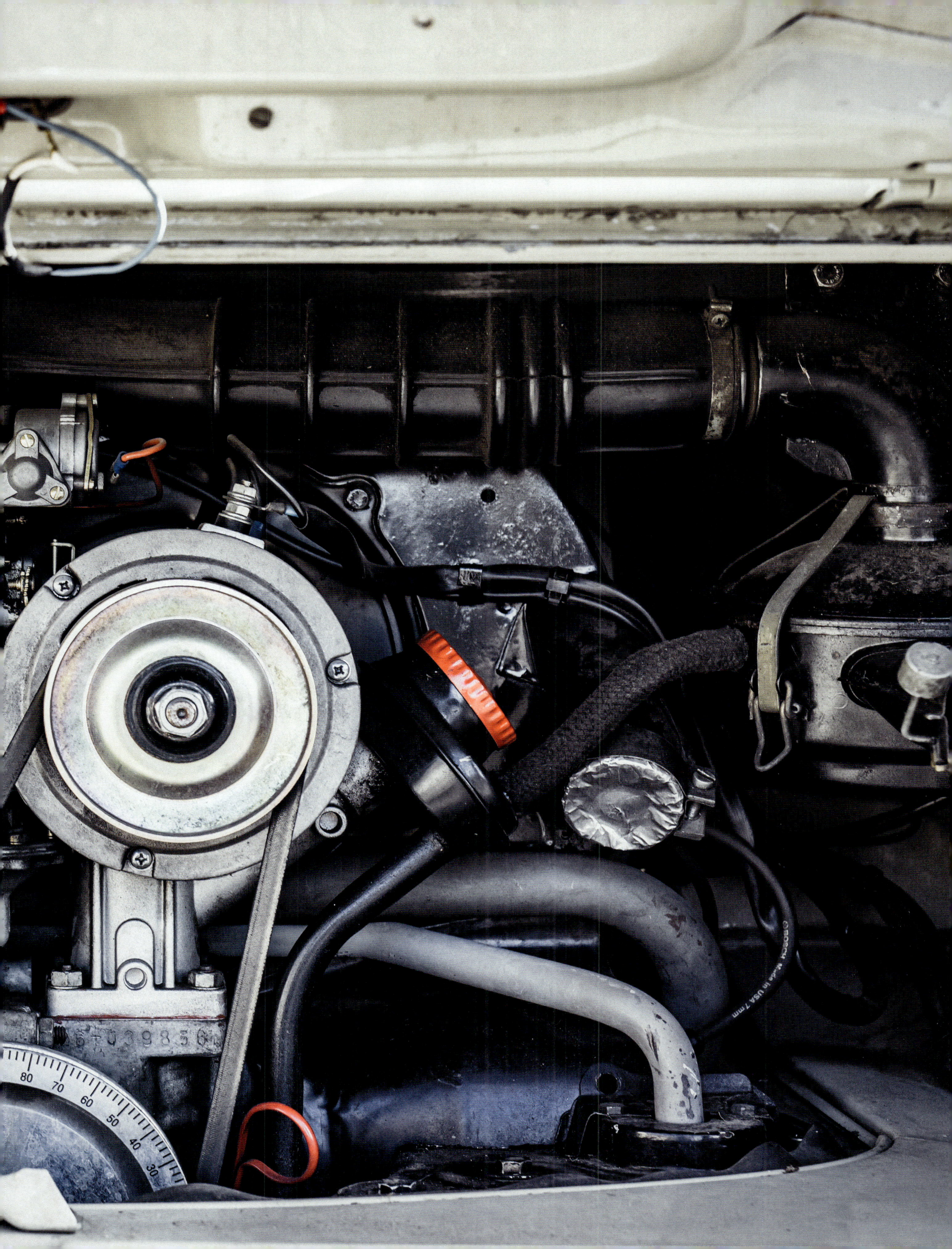
80 70 60 50 40 30
BOSCH Made in USA 7mm

Aude B.B.

1973 | Le Combi

FL-748-HR

FL-748-HR

Das kaum sichtbare, abgenutzte VW-Logo zeugt von der Authentizität dieses Westfalia Baujahr 1973.

Jeder projiziert seine Geschichte, seine Träume in den Bulli. Für Aude war die Begegnung mit den Bullis ein Synonym für Freiheit und Abenteuer. Der VW Bus ist heute ein wesentlicher Bestandteil ihres Werdegangs von ihrer Jugend bis zu ihrem Familienleben. Und ihre Kinder könnten nichts Gegenteiliges sagen …

Ich wusste, dass ich ihn kaufen würde.

Aude B.B.

Was gibt es Schöneres, als in jungen Jahren im Ausland zu studieren? Der Aufenthalt in England war für Aude die Gelegenheit, mit einem ganz bestimmten Wunsch im Gepäck wieder heimzureisen: »Im dritten Jahr der Ingenieurschule bin ich für ein Trimester nach Staffordshire in England gegangen. Und ich fing an, fast überall Bullis zu sehen. Das hat meinen Wunsch geweckt. Noch dazu besaß einer meiner Kumpels einen Bulli, eines der eckigen Modelle der 1980er. Wenn wir abends ausgingen, haben wir darin geschlafen. Das hat mir sofort gefallen. Der Gedanke, damit in den Urlaub zu fahren, Frankreich zu durchqueren und darin zu schlafen – das träumte ich bei ihrem Anblick.« Zurück aus England, ging Aude mit ihren Eltern zum Skifahren und nutzte ihren Urlaub, um die Kleinanzeigen der Magazine zu studieren. »Sehr schnell fand ich eine Anzeige, wo jemand seinen Bulli verkaufen wollte. Sie war belustigt, denn der Wagen war mit Bändern und Spitze verziert. Das Paar, das ihn anbot, hatte nämlich mit ihm geheiratet. Er stand im Raum Paris, also nicht zu weit von zu Hause entfernt. Als ich aus dem Urlaub zurückkam, suchte ich ihn sofort auf und es traf mich wie ein Blitz: Ich verliebte mich sofort. Als ich ihn sah, wusste ich, dass ich ihn kaufen würde. Es war ein Wow-Erlebnis! Der Verkäufer bot mir eine Probefahrt an. Ich bin am Ufer der Seine entlanggefahren, ich konnte mich dort schon sehen … Der Frau des Verkäufers bin ich nicht begegnet, denn sich von ihrem Bulli zu trennen war für sie eine traurige Angelegenheit. Wenn ich das machen müsste, würde es mir auch so gehen, aber daran denke ich gar nicht.« Aude ist ihrem Bulli eng verbunden. Gerade mal 21 Jahre alt, spürte Aude hinter seinem Lenkrad den Wind der Freiheit, den dieses Fahrzeug wie kein anderes bläst. »Sobald ich ihn gekauft hatte, verließ ich mit meiner Freundin und Kommilitonin Agathe Paris in Richtung Cognac und begann dann eine Abenteuerfahrt in den Südwesten, der mir noch ganz unbekannt war. Wir nahmen Kurs auf den Pilat-Gebirgszug und übernachteten in den Landes. Zu Agathes Prinzipien gehörte, unabhängig zu sein und für die Übernachtung nichts zu bezahlen. Als wir an diesem Morgen auf die Straße zurücksetzten, blieben wir stecken. Wir haben versucht, den Mac Gyver zu spielen, indem wir Pinienzapfen unter die Räder gelegt haben, aber natürlich hat es nicht funktioniert. Dann haben wir einem Auto um Hilfe gewunken: Es war ein Förster! Zum Glück war er cool, er zog uns raus und ließ uns gehen, ohne zu meckern.« Das Abenteuer hatte für Anne und Agathe in ihrem wunderschönen gelb-weißen Bulli begonnen. »Wir hielten in Lacanau an und ich fand eine Parklücke zwischen zwei Bullis in einer Straße, wo es nur Wohnmobile gab. Es waren entweder Holländer oder Surfer. Die Atmosphäre war unglaublich. Dann sind wir zum Hossegor-See, wo wir am See zu Abend aßen, mit Kerzen auf dem Tisch – es war krass!« Immer der Nase nach nahmen Aude und Agathe Kurs auf Toulouse, um einen Freund zu besuchen. Dann Richtung Le Lavandou, wo Audes Kumpels Urlaub machten, denn das war lange Jahre das Familienreiseziel. Der Roadtrip ging weiter, Andenken stapelten sich im Laufe der Kilometer. »Auf dem Rückweg erlebte ich mit meinem großen Bruder Gilles, den ich in Lyon abgeholt hatte, eine Szene, die ich später im Film *Little Miss Sunshine* wiederfand. An einer Tankstelle wollte das Auto nicht mehr anspringen. Wir mussten also den Bulli immer anschieben, wenn wir losfahren wollten. Aber die Leute waren super nett und es war immer jemand an den Rastplätzen, der uns half. Es gab einen echten Geist der Solidarität.«

Sie machten mit ihm eine Weltreise.

1973 | LE COMBI

T2 • Westfalia • 1.600 cm³

Während ihres dreimonatigen Praktikums nach dem Examen verließ Aude ihren VW Bus keine Sekunde: »Ich bin mit meinem Bulli nach Caen und fuhr mit ihm täglich zur Arbeit. Es war toll. Mittags fuhr ich irgendwo hin zum Picknick. Am Wochenende machte ich Ausflüge entlang der Küste, habe mir die Gegend angeschaut, ich habe sogar am Souleuvre-Viadukt öfters einen Bungee-Sprung gemacht. Ich hatte Gelegenheit, viele Leute zu treffen. Es gab sogar ein Wochenende während eines Junggesellenabschieds, an dem ich vier Personen im VW Bus beherbergt habe. « Nach ihrem Eintritt ins Erwerbsleben nutzte Aude ihren geliebten Bulli weniger. Sie lernte Vincent kennen. »Das war Fügung, denn er ist Jahrgang 1973, wie mein Bulli.« Sie gründeten eine Familie, zu der heute auch Eliott (9 Jahre), Adrien (6) und Benjamin (5) gehören. »Mit der Geburt der Kinder bin ich nicht mehr dazu gekommen, ihn häufig zu fahren. Wir verwendeten ihn hauptsächlich für Wochenenden im Ferienhaus in der Normandie. Die Kinder verwenden ihn auch viel als Versteck im Garten. Stundenlang haben sie darin gespielt. Sie machten mit ihm eine Weltreise,« lacht sie. Aude liebt ihren Bulli, aber nicht seine Technik. Ihr reicht es, ihn so zu warten, dass er jederzeit fahrtüchtig ist. Kein Gedanke an Änderungen – außer eine neue Lackierung vor sechs Jahren. »Ursprünglich war er khaki. Deshalb haben die Sitzbezüge diese etwas militärische Farbe. Aber als ich ihn gekauft habe, war er bereits so gelb-weiß wie heute. Und die ganze Innenverkleidung aus Kork wurde von den Vorbesitzern, meinen Verkäufern, ausgeführt.« Jetzt, wo die Kinder ein bisschen größer sind, finden Aude und Vincent wieder Spaß daran, mit ihrer Familie im Bulli herumzufahren. »Wir haben Lust auf kleine Ausflüge und Ausfahrten mit ihnen. Einmal wollten wir fünf nur eine kleine Fahrt von einer Stunde machen, doch es wurden dann vier daraus. Es hat uns zu gut gefallen. Wir hielten an, um eine Burg zu besuchen. Wir haben mit vielen Leuten gesprochen. Es war toll!« Oder wie die Kinder von Aude sagen würden, wenn sie in das Schlafabteil im Hubdach des Westfalia klettern: »Es lebe der Bulli!«

MONDIAL ASSISTANCE
FL-748-HR

Diese an der Lenksäule angebrachte praktische Plakette gibt den Reifendruck an. Sie konnte den Stürmen der Zeit widerstehen.

Ab dem Modelljahr 1973 gab es eine neue Bedienung für die Heizung mit nur noch einem Regler für kalte Luft statt zwei.

Bob V.H.

1958 | **Samba**

B 1-OYF-554

Dieser Bulli diente bei VW im Werk Wolfsburg als Versuchskaninchen. Zu seinen Besonderheiten zählen die Doppeltüren auf jeder Seite.

Als unermüdlicher Sammler hat sich Bob zu einem der weltweit größten Händler für historische VW-Teile entwickelt. Der Käfer-Liebhaber wurde im Laufe der Jahre ein »Bulli-Mann«, wie er sagt. Sein Samba mit 23 Fenstern Baujahr 1958 hat ebenfalls eine außergewöhnliche Geschichte.

Der Bulli ist mein Lifestyle, meine Kunst des Lebens.

Bob V.H.

Wenn der VW Bus schon in der Öffentlichkeit ein sympathisches Image hat, dann ist er in den Herzen der Fans tief und fest verwurzelt. Das ist auch bei einem so, der in der Welt der Volkswagen-Oldtimer besonders bekannt ist – dank seiner Firma Bob's BBT mit Sitz in der Nähe von Antwerpen in Belgien. Bob ist einer der weltweit größten Anbieter von Oldtimer-Ersatzteilen für VW. Das 1987 gegründete Unternehmen beschäftigt heute mehr als einundzwanzig Mitarbeiter und das Firmengebäude hat eine Fläche von 4.200 m². Zumal Bob's BBT seine Teile in die ganze Welt liefert. Nicht schlecht für ein kleines Unternehmen, das im Gartenhaus seiner Eltern begann. »Mein Vater und mein Großvater liebten Autos. Ich bin in einem Automechaniker-Milieu aufgewachsen. Wie viele Jugendliche habe ich mit Fahrrädern angefangen, dann mit Mopeds, Motorrädern und Käfern«, erzählt Bob inmitten seines riesigen Hangars, in dem er seine persönliche Sammlung aufbewahrt. »Einer hat mir nie genügt«, erklärt er mit seinem flämischen Akzent. »Ich konnte nicht nur ein Fahrrad finden, ich fand mehrere. Und mein Rad hatte nicht eine Lampe sondern sechsundzwanzig. So war es immer, sehr zur Verzweiflung meiner Mutter, zu der ich immer sagte, dass das ein Schnäppchen war, dass man unbedingt kaufen musste.« Und so entdeckten wir in seiner Ali-Baba-Höhle sage und schreibe über 1.500 Bulli-Türen, alle fein säuberlich geordnet und ausgerichtet. Sie bieten ein gigantisches Gemälde in bunten Farben, das die Wände dieses unglaublichen Refugiums schmückt. »Das ist mein Picasso«, lacht Bob, wie immer fröhlich und fährt mit seiner Geschichte fort. »Als ich 17 war, zerrten mich zwei junge Leute auf die Straße, in der ich lebte: Jeder von ihnen besaß einen Käfer. Das war eine Offenbarung. Es war Ende der 1970er-Jahre, und ich schloss mich ihnen an, um hie und da Hand anzulegen. Als ich später meinen ersten Käfer kaufte, verkauften sie ihren letzten, und es geschah am selben Tag!« Eine Anekdote, die für Bob klingt wie eine Thronübergabe. Doch er würde niemals den Vogel, den er gefangen hat, wieder fliegen lassen. Getreu seiner selbst schickte sich Bob an, einen zweiten, dann einen dritten Käfer zu kaufen, dann Ersatzteile, die schnell zu einem Teilelager werden ... Die Freunde schlossen sich Bob an und es wurde ein Club gegründet. »Der Bulli ist erst viel später in mein Leben getreten. Nach dem Käfer war der Typ 3 an der Reihe, mich zu begeistern. Mein erster Bulli war ein T1 Pritschenwagen Baujahr 1965. Ich hatte bereits meine Firma BBT gegründet und brauchte ein Fahrzeug, mit dem ich die Ersatzteile abholen konnte, die im Hafen von Antwerpen lagen.« Bob erkannte schnell die große Begeisterung der Leute für VW-Oldtimer und machte sich auf die Suche nach einem Großhändler in den USA, wo die Teile billiger waren. »Ich habe einen Brief an einen Großhändler in Kalifornien geschrieben, weder eine E-Mail noch ein Fax, weil es das damals noch nicht gab, und ich habe per Post einen Teilekatalog erhalten. Ich bestellte dann drei Paletten, die mir auf dem Seeweg in den Hafen von Antwerpen geliefert wurden. Dadurch konnte ich von Anfang an wettbewerbsfähige Preise machen, denn die Transportkosten waren viel niedriger als per Luftfracht.« Bobs Leidenschaft für den Bulli begann somit von der praktischen Seite. Aber nach und nach baute der Bulli sein Nest in Bobs Herzen, seinem Leben und in seinem Beruf. »Ich gebe zu, dass ich ein Bulli-Mann geworden bin. Immer wenn ich in einen Bulli einsteige, gehe ich in Urlaub. Egal, ob es sich um eine mehrwöchige Reise, einen Trip von wenigen Kilometern oder sogar nur um zwei Minuten handelt, der Zeit nämlich, ihn für Fotos zu umzuparken: Sobald ich mich ans Steuer setze, bin ich im Urlaub. Er ist das einzige Fahrzeug, das mir diesen Effekt verleiht. Der Bulli ist mein Lifestyle, meine Kunst des Lebens.«

SLOW MOVING VEHICLE

B 1-OYF-554

Dieser Bulli wurde von VW für die Entwicklung und Erprobung neuer Teile verwendet.

1958 | SAMBA

T1 • Deluxe 23 Fenster • 1.192 cm³

Bobs Bulli ist weltweit einzigartig. Bevor wir jedoch seinen Stammbaum und seine Seltenheit genauer untersuchen, kehren wir zu den Ursprüngen des Bullis zurück. Der erste Prototyp des berühmten Volkswagen-Transporters wurde 1947 durch den Zeichenstift von Ben Pon geboren, eines niederländischen Unternehmers, der bei einem Besuch im VW-Werk in Wolfsburg ein kleines Nutzfahrzeug entdeckte. Mitarbeiter hatten es zusammengebaut, um den Transport von Paletten zu erleichtern. Pon skizzierte dann in seinem Notizbuch ein neues Modell mit Heckmotor und abgerundeter Karosserie. Das erste Modell, das bei Volkswagen gebaut wurde, war der Käfer, weshalb er die Bezeichnung Typ 1 bekam. Der *VW Transporter*, ein Mehrzweckfahrzeug, das auch Kombi genannt wurde und erst viel später den Spitznamen Bulli bekam, war somit der Typ 2. Im März 1950 begannen Produktion und Verkauf des Bullis, der erheblich am Wiederaufbau im Nachkriegsdeutschland beteiligt war. Das Wolfsburger Werk wurde zu klein, ein weiterer Produktionsstandort wurde 1955 in Hannover eröffnet. Bobs Samba mit 23 Fenstern verließ dort am 17. Februar 1958 das Band: »Er wurde sofort vom Direktor des Werks Wolfsburg mit Beschlag belegt«, erläutert Bob, »und an die Entwicklungs- und technische Versuchsabteilung weitergegeben, die ihn am 26. Februar desselben Jahres in Besitz nahm. Es handelt sich nicht um einen Prototyp, sondern um einen serienmäßigen Bus, der von VW für die Entwicklung und Erprobung neuer Teile verwendet wurde. Die Geschichte weiß, dass dieser Bulli 1958 auf einer Teststrecke über 100 Meilen in der Stunde, also 160 km/h gefahren ist. Zu den verschiedenen getesteten Elementen gehören die berühmten Doppeltüren auf jeder Seite des Bullis. Bei einem Modell mit 23 Fenstern und Schiebedach einzigartig sind der Durchgang zwischen Fahrer- und Beifahrersitz, aber auch das Dachverschlusssystem, die Frontheizung, die Tankdeckelklappe mit verschobenem Scharnier usw. Es gibt viele Details, die bei diesem Bulli einzigartig sind, denn sie stammen von Tests, die Volkswagen im Werk Wolfsburg im Laufe von achtzehn Monaten, von 1958 bis 1959, durchgeführt hat.« Für diesen Samba mit seiner erhabenen ursprünglichen Patina begann nun ein neuer Lebensabschnitt: »Damals gab es in der Nähe von Wolfsburg einen Segelfliegerclub, von dem viele Mitglieder im technischen Dienst von Volkswagen tätig waren. Denen gelang es auf ganz außergewöhnliche Weise, diesen Bus aus der Fabrik zu holen und ab dem 16. Juni 1959 im Club zum Schleppen von Segelflugzeugen, zum Transport von Personen und als Funkfahrzeug einzusetzen. Bis 1985 war dieser Samba daher der offizielle VW Bus des Clubs. Bob kaufte diesen Bulli 2001 ohne Motor und baute einen Vierzylinder-Einkanal-Boxer mit 1.500 Kubik und hohem Drehmoment. Der unverbesserliche Bob zählt inzwischen drei Sambas in seiner Sammlung: Von 1954, 1956 und diesen von 1958: »Die 54er und 56er waren ebenfalls großartig, in perfektem Zustand und völlig original, aber ich habe mich entschlossen, diesen wegen seiner historischen Bedeutung zu behalten.« Diese Bedeutung hält Bob aber nicht davon ab, mit ihm überall hin zu reisen, die Alpen zu überqueren und jedes Mal in den Urlaub zu fahren, wenn er einsteigt.

Der Bulli wurde vom Aero-Club Wolfsburg verwendet. Man sieht heute noch die Gebrauchsanweisung für den Funk.

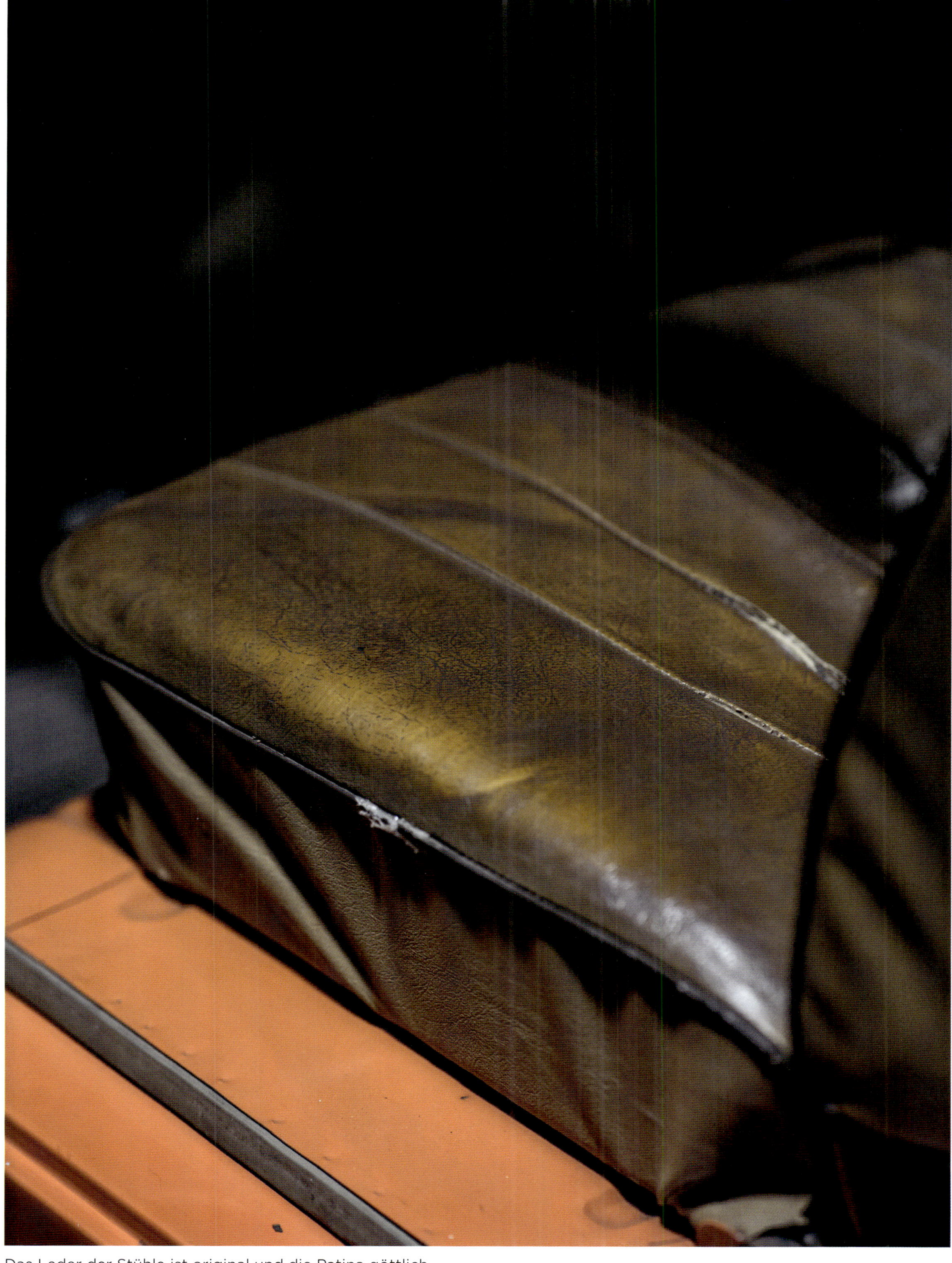

Das Leder der Stühle ist original und die Patina göttlich.

Eine weitere Besonderheit dieses Bullis ist, dass die Uhr auf der Konsole nach links verschoben wurde, um Platz für einen Griff zu schaffen.

Ein Unterschied besteht darin, dass die Drehachse der Kraftstoffklappe versetzt wurde, um eine größere Öffnung zu erhalten.

1-OAY-153

1-OYF
B 554

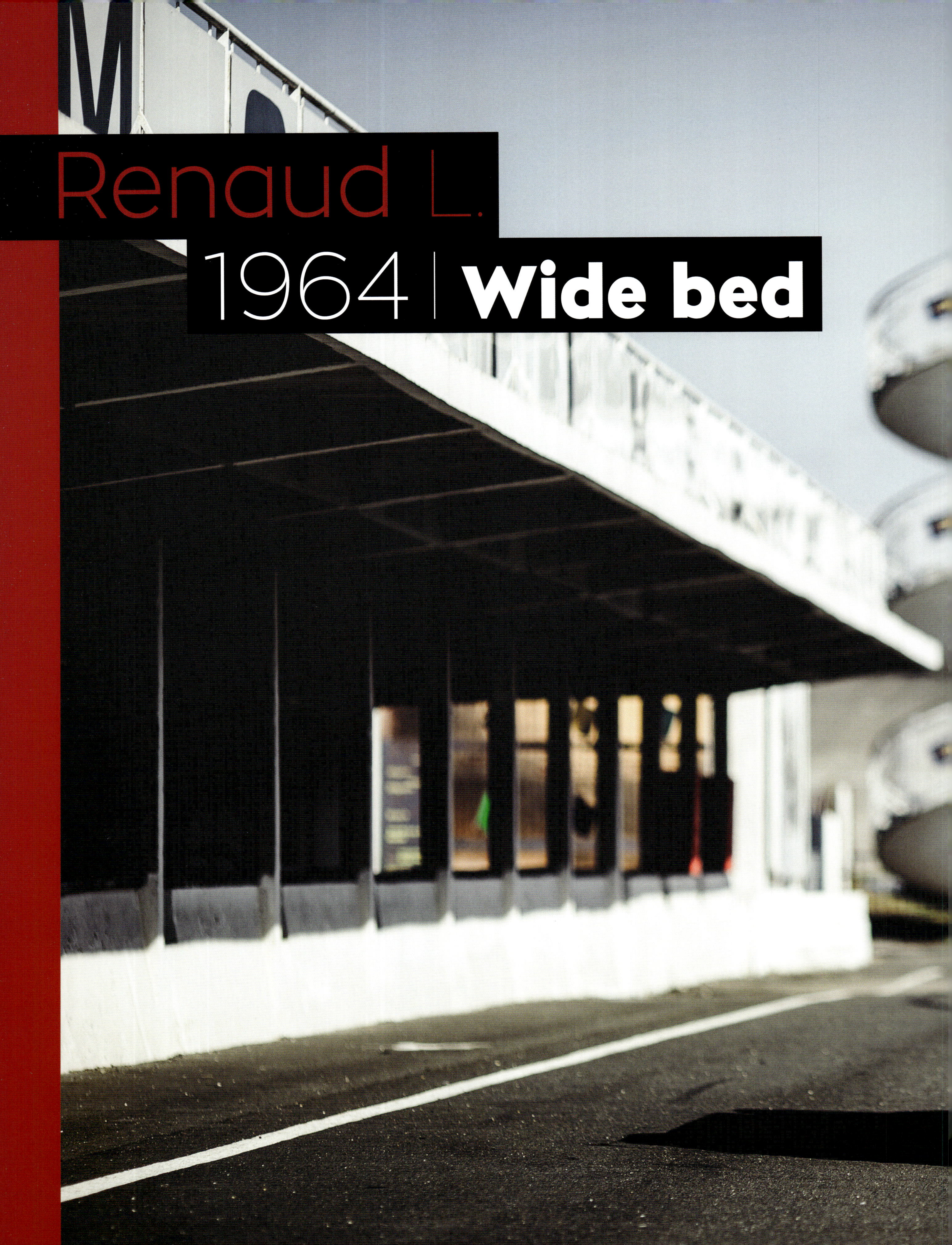

Renaud L.

1964 | Wide bed

MOTUL MOTUL MOTUL
40
RAVÉ AUTOMOBILES CLASSIC
DE-324-QY

65
DE-324-QY

Renaud begibt sich mit seinem VW Pritschenwagen und seinem schönen Formcar, der von Porsche in den 1960er-Jahren entwickelt wurde, auf die Rennstrecke.

Die Leidenschaft für den Bulli hat viele Gesichter. So mancher liebt ihn wegen seiner Gutmütigkeit und dem Duft der Freiheit, den er seit Jahrzehnten verströmt. Andere, wie Renaud, schätzen ihn wegen seiner Geschichte, denn Volkswagen ist für ihn ein Cousin von Porsche!

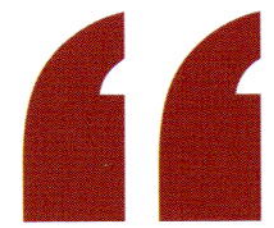

Es waren die Porsches, die mich zum Bulli geführt haben.

Renaud L.

»Ich bin einen ungewöhnlichen Weg gegangen, denn ich habe ein bisschen das Gegenteil dessen gemacht, was die meisten VW-Fans tun, denn es waren die Porsches, die mich zum Bulli geführt haben. Als ich 25 Jahre alt war, hatte ich das Glück, einen BMW 318 T gegen einen 911 SC Baujahr 1982 tauschen zu können. Während ich noch glaubte, die Porsches seien unerreichbar, fand ich mich ans Lenkrad eines 911ers katapultiert. Er erwies sich als sehr solide und ich behielt ihn fünf Jahre.« Renaud blieb der Marke treu und seine Leidenschaft für die Stuttgarter Autos wuchs, besonders, als er sich einen Porsche-550-Nachbau leistete: »Ich bin dazu gekommen, mich für VW und den Bulli zu interessieren, weil ich davon träumte, einen roten T1 Transporter als Servicefahrzeug für meinen Porsche-Rennwagen zu bauen. Im Herbst 2010 habe ich endlich einen Wagen gefunden. Es war ein roter T1 Baujahr 1964 im Hippie-Stil, der in Holland stand. Das Dekor war außergewöhnlich, aber als ich ihn das erste Mal fuhr, um ihn nach Hause zu bringen, fühlte ich mich völlig verloren, ohne Bezugspunkt, mit einer Lenkung, die fast nicht anschlug, wenn ich das Lenkrad drehte. Ich glaubte, eine große Dummheit begangen zu haben.« Ein Winter verging, dann setzte sich Renaud in Paris wieder ans Steuer seines Bullis: »Als ich mit den Oldtimern des Clubs von Vincennes Paris durchquerte, habe ich aufgehört, meine Startvorbereitungen zu treffen und das ulkig zu finden. Ich wollte die Deko abnehmen und den Wagen in den Farben des Porsche Renndiensts lackieren, dem Servicewagen der Marke. Doch Freunde stoppten mich und erklärten mir, es sei absolut notwendig, dieses unglaubliche Hippie-Dekor zu erhalten.« Renaud verkaufte seinen Bulli einem Freund und machte sich auf die Suche nach einem anderen roten. »2011 fand ich durch großen Zufall endlich einen T1 Transporter, den habe ich heute noch. Es ist ein alter Bulli Baujahr 1966, der als Feuerwehrfahrzeug gedient hatte, 17.000 km gelaufen, nie neu lackiert oder restauriert, originaler 1.500-cm^3-Motor in einwandfreiem Zustand. Zufälligerweise stand er in der Nähe von Zell am See in Österreich, wo sich das Schüttgut, der Hof der Porsche-Familie, befindet.« Renaud erfuhr, dass in dieser Gegend eines der größten Porsche-Traktortreffen Europas stattfinden sollte. Ein anderes seiner Hobbys rund um die Marke. Renaud schwebte auf Wolke sieben. Während seiner Reise zur Übernahme seines Bullis bog er auf die Großglockner Hochalpenstraße ein, die Porsche in den 1950ern für Autotests benutzte. Dann besuchte er das Sägewerk in Gmünd, in dem 1948 der Porsche 356 geboren wurde, und nahm schließlich seinen roten Bulli in Empfang. Auf dem Rückweg machte er Halt, um das neue Porsche-Museum in Stuttgart zu besuchen. Als Renaud schließlich zu Hause den Porsche-Schriftzug auf seinem schönen roten Bulli anbrachte, entdeckte er versteckt eine Aufschrift eines westösterreichischen Rennstalls der Formel Vau. Das sollte sich als prophetisch erweisen. »Damals hatte ich noch kein Interesse an der Formel V.« In den 1960ern wurde sie in den USA geboren, dann durch Porsche im Auftrag von VW weiterentwickelt. Die Formcar-Wagen der Formel V waren kleine Einsitzer, die ausschließlich aus Volkswagen-Teilen gebaut wurden und so viele Elemente wie möglich aus dem Käfer verwendeten, einschließlich des Motors. Ich habe diese famosen Rennautos in einer Zeitschrift entdeckt, aber auch, dass Porsche sie damals auf einem VW Pritschenwagen mit verbreiterter Ladefläche transportierte.« Nachdem Renaud sich seinen Traum erfüllt hatte, nahm gleich ein weiterer in seinem Kopf Form an: Einen Formcar kaufen und ihn auf der Ladefläche seines Pritschenwagens zur Rennstrecke transportieren, wir das Porsche im Frühjahr 1965 machte.

M
O
COOPER
PORSCHE
DE-324-QY

N T L H E R Y
CITROEN

Der Motor wurde mit Originalteilen von Okrasa präpariert.

1964 | WIDE BED

T1 • Pritschenwagen • 1.776 cm³

Nach fast dreijähriger Suche fand Renaud 2014 seinen Formcar Formel V. Leider sind T1 Pritschenwagen mit breiter Ladefläche, im Englischen als *Wide Bed* bekannt, äußerst selten. Doch der Mann ist kämpferisch: »2015 finde ich – wieder in Österreich – diesen Pritschenwagen Baujahr 1964 mit breiter Ladefläche mit einem Kilometerstand von nur 64.000 km ganz sympathisch mit der Patina des Originalzustands.« Um ihn auf seinen ersten Bulli Renn-Servicewagen abzustimmen, dachte Renaud zunächst daran, ihn rot zu lackieren, die metallischen Seitenwände durch solche aus Holz zu ersetzen – die damals einzigen möglichen Varianten. »Weil er aber perfekt erhalten in seinem ursprünglichen Kleid steckt, finde ich, dass es nicht wirklich gerechtfertigt ist, ihn umzulackieren. Die einzigen Dinge, die ich bis heute umlackiert habe, sind die Felgen und die Stoßstangen, die bereits weiß waren, aber in einem schlechten Zustand.« Renaud hat sich hingegen dazu entschlossen, die Technik zu verbessern, um den Transport des Formcar zu erleichtern, wenn er zur Rennstrecke fährt: »Mit dem Rennauto auf der Ladefläche war mir der originale 1.500-cm³-Motor, der ohnehin nicht in besonders gutem Zustand war, etwas zu schwach. Nun hatte ich aber einen Motor erworben, den ich ursprünglich für den roten VW Transporter vorgesehen hatte. Doch letztlich habe ich mich dafür entschieden, ihn in den Pritschenwagen einzubauen.« So kam der alte Pritschenwagen von 1964 zu einem professionell präparierten Motor: »Es ist ein Vierzylinder-Boxermotor des Käfers, bei dem der Hubraum von 1.600 cm³ auf 1.776 cm³ aufgebohrt wurde. Vor allem – und das ist extrem selten – wurde er mit Originalteilen von Okrasa aus dem Jahr 1967 präpariert.« Okrasa ist ein legendärer Name, der für herausragendes Tuning der Firma Oettinger steht. »Er ist außerdem mit einem Turbo des Porsche 911 ausgestattet, was ihm einen sehr sympathischen Drive verleiht.« Der Pritschenwagen mit einem so verwöhnten Käfer-Motor verdoppelte damit seine Leistung von ursprünglich 60 PS auf fast 120! »Natürlich geht es nicht um Leistung, so Renaud, sondern darum, einen Bulli zu nutzen, der beladen einfacher zu fahren ist, insbesondere bei langen Anreisen.«

40
RAVÉ AUTOMOBILES CLASSIC
E-324-QY

Porsche verwendete 1965 VW Pritschenwagen mit breiter Ladefläche, um seine Rennwagen auf die Strecken zu transportieren.

Renaud hat sich für den Transport seines von Porsche entwickelten Rennwagens auf Basis von VW-Teilen eine Rampe gebaut.

VOLKS

VAGEN

Sébastien L.

1975 | **Boris**

CH-152-LV

SCOUTS GUIDES
MARINS DE FRANCE
DORIMO USSES
WESTFALIA
CH-152-LV
F

Für Sébastien, hier in Saint-Malo, ist es ein wesentlicher Teil des Vergnügens einer Reise im Bulli, sich Zeit zu nehmen und regelmäßig anzuhalten.

Sanft setzt der Bulli seinen Rhythmus durch und bietet seinen Passagieren das Vergnügen, vergessene Freuden wiederzuentdecken, ruhige und kostbare Momente des Lebens. So genießt Sébastien mit seiner Familie seinen T2b.

Dieser Bulli hat unser Leben verändert.

Sébastien L.

»Seit frühester Kindheit liebe ich den Bulli. In dem Ort, wo meine Eltern lebten, gab es einen orangefarbenen T2! Es hat mich gefreut, wenn er vorbeigefahren ist. Vor ein paar Jahren hat mich das wieder eingeholt, ich weiß nicht genau warum. Ich hatte beliebte Oldtimer, etwa einen Citroën Méhari, einen Renault Rodéo oder einen Käfer besessen, aber mit Anne, meiner Frau, wollte ich ein familientauglicheres Auto.« Wir sind im Jahr 2012 und die kleine Familie besteht aus den Eltern und ihren drei Töchtern Jeanne, Adèle und Louise im Alter von 9, 7 und 5 Jahren. Nicht zu vergessen Helmut, den Hund! Sébastien macht sich deshalb auf die Jagd nach einem Bulli: »Eines Tages bin ich auf eine unglaubliche Verkaufsanzeige eines T2 Westfalia in Gap gestoßen. Ich habe angerufen und dem Verkäufer gesagt, ich würde am Abend kommen!« Sébastien sprang in sein Auto und fuhr von Giverny in der Normandie, wo er damals wohnte, nach Gap. Neunhundert Kilometer später war der Handel besiegelt: »Als Kind habe ich alle Ferien in Embrun in der Nähe von Gap in den Hochalpen verbracht, das passte ja gut. Gleich beim ersten Anblick habe ich mich verliebt: Er hatte noch seine Originallackierung, alles sah gut aus, mit Nickelinterieur, und ich zahlte 7.000 Euro! Ich stellte ihn in Embrun ab, wo meine Eltern eine Zweitwohnung hatten, und ließ ihn dann mit einem Transporter zurückbringen.« Acht Jahre und viele Ferien und Familienexpeditionen später ist Sébastien immer noch genauso begeistert von seinem Bulli: Er ist die beste Investition, die man machen kann, das Beste, was uns passieren konnte. Dieser VW Bus hat alles verändert, angefangen mit der Art und Weise, wie wir in den Urlaub fahren. Er hat alles revolutioniert und unser Leben verändert. 2012 war auch das Jahr, in dem meine Tochter Adèle an Leukämie erkrankte, es war ein schwieriges Jahr. Nachdem sie geheilt war, hatten wir die Freude, mit dem Bulli zusammen in den Urlaub zu fahren. Das hat uns dazu geführt, die Dinge ins rechte Licht zu rücken. Und der Bulli hat uns geholfen, das Glück wiederzufinden, uns Zeit zu nehmen und einfache Freuden zu genießen. Was macht einen guten Urlaub aus? Es geht nicht unbedingt darum, an einem paradiesischen Ort in einem Luxushotel zu wohnen, sondern darum, Abenteuer zu erleben, Begegnungen, Lachanfälle, Kabbeleien bei Regen, Austausch und Gemeinschaft … Tatsächlich ging das über die Ferien hinaus, denn unsere Sichtweise auf das Leben wurde dadurch bestimmt.« Und die ganze Familie teilt diese Begeisterung, die enge Bindung an diesen Bulli und diese Art von Urlaub. »Selbst wenn die Mädchen größer sind, sind sie immer dabei, wenn es heißt, mit dem Bulli eine Tour zu unternehmen. Ich hatte viele Autos, aber heute ist er das einzige, das wir nie verkaufen könnten. Wir sind ihm alle eng verbunden.« Natürlich hat dieser hübsche T2 als vollwertiges Familienmitglied einen Spitznamen: »Weil er deutsch und orange ist, haben ihn meine Töchter *Boris* getauft, wie Boris Becker, den berühmten deutschen Tennisspieler mit den rötlichen Haaren.« *Boris* wird hauptsächlich an Feiertagen oder ein paar Wochenenden angelassen und macht die Familie immer glücklich: »Wir fahren manchmal nur zehn Kilometer zu unserem Ziel. Wir steigen in den Bulli, wir finden einen Platz, lassen uns nieder, wir picknicken, wir übernachten und kehren wieder heim. Einfach mal die Glotze abschalten, Karten spielen und eine gute Zeit haben.« Doch eigentlich hat Sébastien früher dem Campen nicht viel abgewinnen können: »Camping war nie so meine Sache, aber ich habe gelernt, die einfachen Freuden eines Familien-Roadtrips im Bulli zu lieben, denn man macht da wirklich alles zusammen.«

WESTFALIA

Der Urlaub beginnt nicht, wenn Du Dein Reiseziel erreicht hast, sondern wenn Du die Haustür absperrst.

1975 | BORIS

T2 • Westfalia • 1.600 cm³

Sébastiens Bulli ist ein T2b Westfalia SO73/3 Baujahr 1973 in der Ausführung »Malaga«. »Als ich ihn kaufte, war er sehr sauber, brauchte aber eine Renovierung, um den Komfort im Inneren zu verbessern, etwa bei Wasser oder Gas. Ich habe meinem Freund Adrien Schmecko, einem Bulli-Spezialisten aus der Region Paris, die Revision des Motors und des Bremssystems anvertraut. Ich legte aber Wert darauf, dass der Rest dem Originalzustand entspricht. Der Motor, ein Vierzylinder-Boxer mit 1.600 cm^3 entwickelt rund 50 PS. Mit der ganzen Westfalia-Ausstattung, deren Möbel superschwer sind, der Familie, dem Gepäck und dem Hund gibt es einige Pfunde zu transportieren. Deshalb schleichen wir, auch wenn er völlig rund läuft, wie früher mit 90 km/h Spitze dahin.« Ein Tempo, das Sébastien nicht zu stören scheint, ganz im Gegenteil: »Das bedeutet: keine Autobahn und jede Stunde eine Pause, damit er nicht heiß läuft. Wenn wir ausfahren, finde ich, dass es Teil des Vergnügens ist, die kleinen Straßen zu nehmen und solche Gegenden auszuwählen, wo wir in kleinen Nestern halten können. Wir kochen Kaffee, spielen Karten, es ist immer eine gute Zeit. Sich Zeit zu nehmen ist ein fester Bestandteil des Vergnügens, in einem Bulli zu reisen. In der Tat beginnt der Urlaub nicht, wenn Du Dein Reiseziel erreicht hast, sondern wenn Du die Haustür absperrst. Mit unserem Bulli fahren wir nicht irgendwo hin in die Ferien, sondern wir beginnen den Urlaub – und mit dem Anlassen haben wir ihn!« Großzügig teilt Sébastien seine Bulli-Begeisterung nicht nur mit seiner Familie, er teilt sie jeden Tag mit mehr als 1.500 Menschen. Mit jenen nämlich, die seine Website *www.becombi.com* besuchen, die er vor einiger Zeit erstellt hat, noch bevor er sich 2012 seinen Bulli kaufte: »Ich war bessen von der Idee, meinen Bulli zu kaufen, und da ich Grafik und Internet liebe, habe ich meinen kleinen Blog geschaffen.« Der kleine Blog, die Website *www.becombi.com*, wurde in Frankreich *die* Anlaufstelle von Bulli-Fans mit 41.000 Followern auf der dazugehörigen Facebook-Seite. Zusammen mit Éric und neuerdings auch Samir – die Fans wurden Freunde – moderiert er seine Website, die einzig aus Spaß betrieben wird, für eine begeisterte Community. Sébastiens jüngstes Projekt ist die Restaurierung eines aus den USA importierten T1 Westfalia SO42 Baujahr 1966: »Er wurde am 6. Juni 1966 in Philadelphia neu ausgeliefert, daher der Spitzname *Rocky*, denn es ist die Heimatstadt des berühmten Boxers. Und dann ist am 6. Juni auch mein Geburtstag. Ich sagte mir, das ist ein Zeichen. Der T1 ist der legendärste Bulli, ein Traum. Aber immer noch im Campermodus! Weil es innen nur zwei Schlafplätze gibt, wird er später für meine Frau und mich sein, wenn die Mädchen erwachsen sind und die Ausflüge zu fünft seltener werden … «

THE HAPPY COMBI FAMILY

Sébastien kaufte seinen Westfalia aus erster Hand. Er brauchte vor der Jungfernfahrt nur geringfügige Reparaturarbeiten.

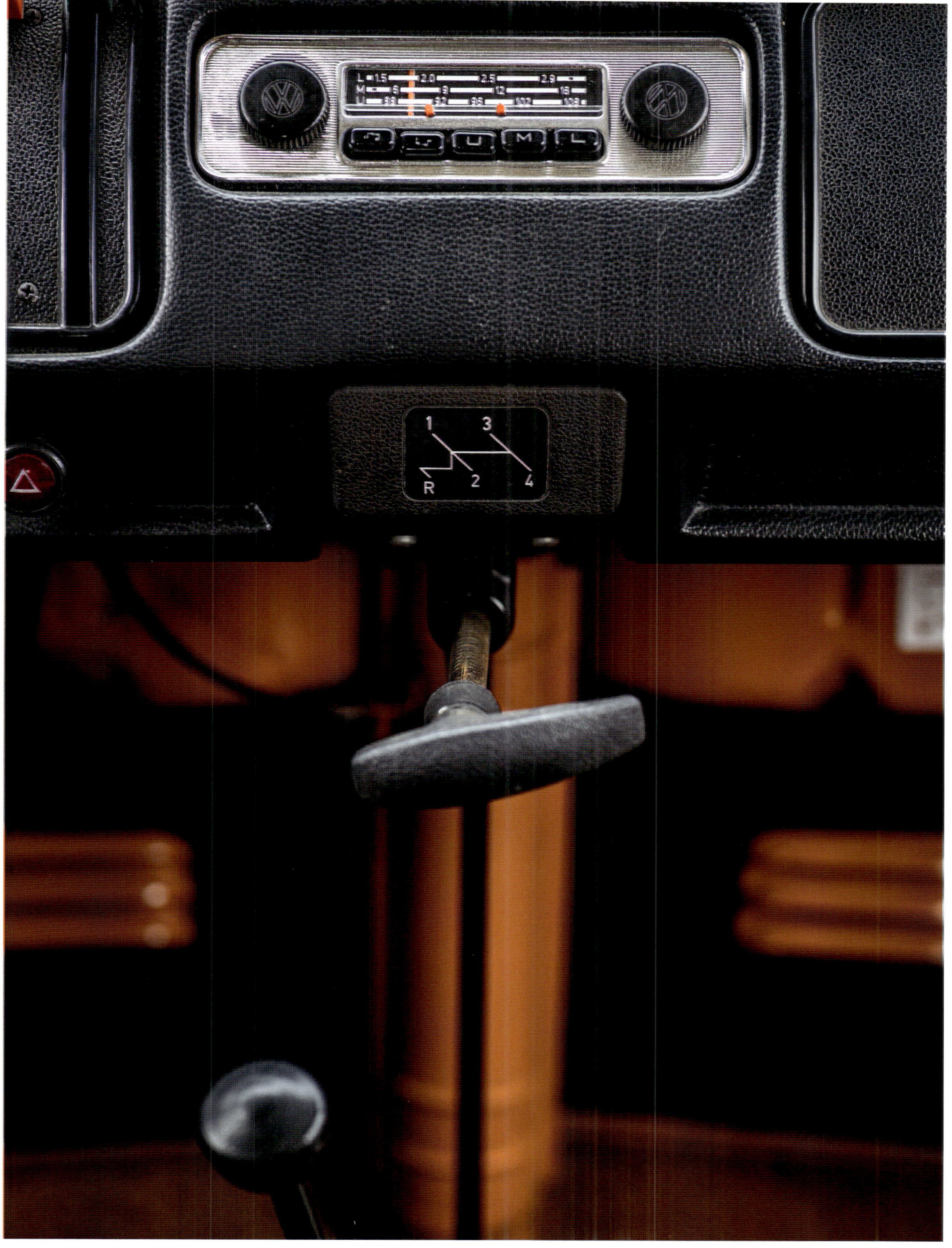

Originales Vierganggetriebe und Autoradio mit VW-Drehknöpfen für eine nostalgische Reise 45 Jahre zurück.

Der Name Westfalia ist seit den ersten VW Bussen, die 1950 gebaut wurden, untrennbar mit den Wohnmobilen von VW verbunden.

Beweis für den guten Erhaltungszustand von Sébastiens T2b sind die gut lesbaren Originalinschriften auf dem Lenkstockschalter.

WESTFALIA
VOLKSWAGEN
CH-152-LV
F
EUROPE 1
c'est naturel
JESUS
is my
Airbag

SUPERVAN
Jesus is my airbag
WESTFALIA

Ulrich & Monica S.
1964 | FLO

PS VW75H

Monica und Ulrich rekeln sich in ihrem Bulli, der ursprünglich ein Feuerwehrauto war, bevor er zum Camper wurde.

Man kann ein zwanghafter Bulli-Sammler sein, und dennoch ein liebevoller Ehemann. Dies ist bei Ulrich der Fall, der besonders die Momente mag, die er mit seiner Frau Monica an Bord seines umgebauten Bulli Baujahr 1964 teilt, um auszusteigen … zu zweit!

In unserem Schlafzimmer gibt es sogar eine Bulli-Decke.

Ulrich & Monica S.

»Von allen meinen Bullis ist dieser sicherlich derjenige, der die Fans am wenigsten interessiert«, gibt Ulrich bereitwillig zu, als er einen hübschen Bulli Baujahr 1964 zeigt, der für Campingzwecke ausgestattet ist und vor einer prächtigen gemauerten Garage mit vier großen Holztüren parkt. Von Beruf Kupferschmied, kann Ulrich alles selbst machen und überlässt es niemand anderem, das zu realisieren, was in seinen Augen zählt. Von der Renovierung seines alten Hauses bis zum Bau seiner riesigen Garage »größer als das Haus«, lacht er, und nebenbei die Restaurierung seines Bulli, unserem Mann entgeht nichts. Denn ja, Ulrich ist ein total verrückter Bulli-Fan. »Ich brauchte sieben oder acht Jahre für meine erste Miniatur.« Er wurde zum echten Sammel-Gourmand. Heute besitzt er über 5.000 kleine Bulli-Modelle: »Einige, äußerst seltene, sind mehrere tausend Euro wert«, erklärte seine Ehefrau Monica voller Zärtlichkeit und Komplizenschaft, denn sie unterstützt das Hobby ihres Mannes voll und ganz. Vom Boden bis zur Decke, in Vitrinen, Regalen, unter dem Klavier, auf der Treppe: überall schmücken die Modelle das Haus von Ulrich und Monica. »Auf allem sind Bullis und VW-Logos«, kichert sie und zeigt ein Feuerzeug, das wie ein T1 aussieht oder eine Pillendose, die mit einem Bulli verziert ist. »Sogar in unserem Schlafzimmer gibt es eine Bulli-Decke.« Ulrich und Monica sind im selben Dorf in Deutschland aufgewachsen und kennen sich schon lange, haben aber erst vor kurzem geheiratet, am Steuer eines von Ulrichs Bullis. Denn ja, Ulrich sammelt nicht nur Bulli-Modelle, sondern er besitzt hinter seinem Haus auch einige hübsche echte VW Busse. Ulrich öffnete die erste der vier Doppeltüren seiner Garage und zeigte uns einen T1-Feuerwehrwagen Baujahr 1966, der in einer deutschen Kaserne verwendet worden war. Eine der beiden Türen, die zur Werkstatt führen, barg einen überwältigenden T1 mit »Scheunentor-Tür« (Barndoor) Baujahr 1952 in Buskonfiguration, der bei einem Radiosender in Sulz gedient hatte. Der Name Delassus Radio war immer noch auf allen Seiten zu lesen: »Ich bin der zweite Besitzer dieses Busses. 1980 habe ich ihn gekauft, alles ist noch original.« Die Besichtigung wurde fortgesetzt mit einem T1-Pritschenwagen Baujahr 1954 mit der authentischen Patina, den er von einem Volkswagen-Händler in der Nähe von Frankfurt gekauft hatte. Im hinteren Teil der Garage, inmitten von Fahrwerksteilen und alten Werkzeugmaschinen, wartet ein Samba mit 21 Fenstern Baujahr 1964 nun schon einige Jahre auf seine Restaurierung. Hinter dem rechten Flügel seiner Garage zeigt uns Ulrich einen tadellosen T1 Baujahr 1956, der mit einer Plattform und einer großen Drehleiter ausgestattet ist. Er gehörte einst der deutschen Elektrikerfirma Mayer aus Hagen. »Alle diese Bullis habe ich in den 1980er-Jahren gekauft, als die Preise noch nicht explodiert waren«, erklärt Ulrich. Wenn die Zahl der Bullis, die Ulrich gehören, beeindruckend erscheint, ist es nichts im Vergleich zu der Menge, die durch seine Hände gegangen ist, die er restauriert und dann weiterverkauft hat: »Ich habe meinen ersten Bulli mit zwanzig gekauft. Es war ein Modell von 1965 in der Ausstattung als Bus, völlig vergammelt. Ich habe ihn komplett saniert. Das hat mir gefallen, also machte ich weiter. Ich kann sagen, dass ich seitdem zwischen fünfzig und sechzig Bullis besessen habe …« Beeindruckend! Aber die Besichtigung ist noch nicht vorbei, denn draußen erwartet uns bei einem kalten Regen der vielleicht am wenigsten authentische Bulli aus Ulrichs Sammlung, aber der erklärte Liebling des Ehepaars: *Flo*, der Campingbus, mit dem Monica und Ulrich gern in den Urlaub fahren.

PS VW75H

Die schönsten gemeinsamen Momente erleben wir mit dem Bulli.

1964 | FLO

T1 • Kastenwagen • 1.600 cm³

»Das ist ein Bulli aus dem Jahr 1964. Er war ursprünglich ein Kastenwagen mit Schiebetür, der von der Feuerwehr eingesetzt wurde. Daher sein Spitzname *Flo*, was sich auf den heiligen Florian bezieht, den Schutzpatron der Feuerwehrleute.« Um bequem reisen zu können, stürzt sich Ulrich in den Umbau seines Kastenwagens: »Ich habe mich letztlich dazu entschlossen, die Schiebetür durch eine zweiflügelige Tür zu ersetzen, denn die Schiebetür ist sehr schwer und macht besonders in der Nacht viel Lärm, wenn man sie öffnen will.« An den hinteren Seitentüren hat Ulrich zwei Fenster aus anderen Bullis eingebaut, um den Westfalia-Look zu bewahren. Keine Safari-Fenster, die sich vorne öffnen, sondern das unausweichliche Aufstelldach, in diesem Fall vom Typ Pilzdach. So ausgestattet und in seiner schönen grau-weißen Lackierung ähnelt *Flo* in der Tat dem Westfalia SO42 aus derselben Zeit. »Drinnen hat Ulrich alles so ausgestattet wie in meiner richtigen Küche«, zeigte sich Monica völlig begeistert. »Weil der Wagen natürlich sehr klein ist, muss man einfallsreich sein und den kleinsten Platz nutzen, um alle Sachen unterzubringen. Aber das passt mir alles perfekt.« Vom Reserverad, das als Sonnenschirm dient, bis zur Hecktür, die geöffnet werden kann, damit das Ehepaar die Natur genießt, wurde an alles gedacht, um das Leben schöner zu machen und eine komfortable Reise zu genießen. Damit das Kilometer fressen leichter fällt, hat Ulrich den 1.500 cm³ und 42 PS starken Vierzylinder-Boxermotor durch den 47 PS starken T2-Motor mit 1.600 cm³ ersetzt. Monica und Ulrich starten so zu Abenteuerfahrten in ganz Europa. Ihre Reisen führen sie nach Frankreich, Italien, Slowenien, England, Österreich, Liechtenstein, Griechenland und so weiter … »Unsere Ausflüge dauern einige Tage, ein Wochenende, je nach Reiseziel auch mehrere Wochen«, erklärt Monica. »Ich liebe es, diesen Bulli zu fahren.« Und Ulrich bestätigt: »Wenn wir auf Bulli-Treffen fahren, nehme ich nicht selten den Radio-Bulli, oder den mit der Leiter und Monica folgt mir mit *Flo*, damit wir nachts bequem schlafen können, wenn wir auf dem Veranstaltungsgelände übernachten.« Und wenn man den Bulli-Fan vor die Wahl stellt, welchen er behalten würde, wenn er nur noch einen besitzen dürfe, wird er echt verlegen: »Das ist extrem schwierig. Aus der Sicht des Sammlers wäre es der Radio-Bulli von 1952, aber aus der Sicht des Ehemanns wäre es natürlich *Flo*, denn er ist es, den Monica am liebsten hat und mit dem wir unsere besten gemeinsamen Momente erleben.«

Langnese
Langnese

Mit ihrem minimalistischen Cockpit lassen die T1 Platz für das Wesentliche: Fahrspaß.

Direkt über dem linken Scheinwerfer ist der Schlüssel für die Tankklappe befestigt..

ADLER
GUTE FAHRT
PS VW75H

Florian G.

1952 | Barndoor

Dieses Nummernschild aus Ontario stammt von 1960. Es war der Auslöser eines großen Abenteuers für Florian.

Extrem ist das Adjektiv, das am besten zu Florians Leidenschaft für seltene Bullis passt. Florian ist ein Meister in der Kunst der Bulli-Rettung und will diesem Samba Deluxe Barndoor mit 23 Fenstern Baujahr 1952 aus Ontario/Kanada neues Leben einhauchen.

Am Anfang stand die Leidenschaft sowohl für den Lebensstil als auch für das Fahrzeug.

Florian G.

In der Bulli-Szene ist Florian bekannt wie ein bunter Hund. Und sein VW Bus auch. Denn Florian lebt seine Leidenschaft für den Bulli nicht zu 100 oder gar zu 200 Prozent. Er lebt sie zu 2.000 Prozent und mehr. Nein, dieses beeindruckende Bulli-Wrack soll nicht auf den Schrottplatz, es wird wieder zum Leben erweckt: »Dieser Bulli ist das Projekt meines Lebens.« Eines Lebens, das sich ganz dem Bulli verschrieben hat, das sich darauf konzentriert, vergessene und verlassene Bullis zu retten. »Das hat angefangen, als ich noch Jugendlicher war. Ich war 14 und mein großer Bruder Thibaut, der zehn Jahre älter ist als ich, hatte einen T2 Baujahr 1973, mit dem er vor allem zu Saisonarbeiten fuhr. Er selbst wurde kein Bulli-Fan, ich jedoch schon, aus vollem Herzen. Sein Bulli war von Zeit zu Zeit zu Hause, außerdem hatte er einige interessante VW-Magazine. Mit gefiel sein VW Bus sehr gut, doch wenn ich in den Magazinen blätterte, zog mich vor allem der T1 magisch an. Noch bevor ich den Führerschein gemacht habe, kaufte ich mir deshalb einen T1. Es war ein Baujahr 1965 mit elf Fenstern und ich bezahlte 2005 gerade mal 2.500 Euro. Er war heruntergekommen und musste grundlegend restauriert werden. Ich legte Hand an, besonders beim Schweißen.« Etwas später fand Florian einen T1 Baujahr 1964 zum Verkauf angeboten, in besserem Zustand als seiner: »Es war einiges daran zu arbeiten, aber viel weniger. Es war ein ungeheurer Glücksfall, denn er kostete nur 850 Euro. Er stammte von Canterbury Pitt und hatte ein Hubdach. Also verkaufte ich meinen so wie er war und schlug zu. Dieser Bulli war für mich perfekt, denn er war wirklich zum Reisen und darin Wohnen gemacht.« Damals arbeitete Florian bei seinem Bruder, der sich auf die Wartung von Windkraftanlagen spezialisiert hatte, und lebte bei seinen Eltern. Er machte jede Menge Überstunden. Es gelang ihm, seinen T1 in fünf Monaten in Gang zu setzen: »Die Idee war es dann, auf große Fahrt zu gehen und zu reisen, bis ich keine müde Mark mehr hätte.« Zwei Monate lang durchquerte Florian den Kontinent, Deutschland und die Schweiz bis zum berühmten VW-Treffen, das in Thenay im Departement Loir-et-Cher stattfand: »Es war mein erstes richtiges Oldtimertreffen.« Florian ist immer auf der Suche nach seltenen Stücken und interessiert sich trotz seines Lebens in seinem Bulli bereits für ein anderes Exemplar: »Es gab einen T1, den ich schon lange im Internet beobachtet hatte. Ein Samba mit 23 Fenstern Baujahr 1955, ein Deluxe-Modell mit Winkern. Die Modelle von 1955 sind die ältesten, ansonsten fahren wir mit dem Barndoor, der bis März 1955 gebaut wurde.« Barndoor bedeutet auf Deutsch Scheunentor und bezieht sich auf die große Hecktür, die bis ganz zur Unterseite der Karosserie gezogen und zugleich die Motorabdeckung ist. Der Barndoor gilt unter Bulli-Fans als Nonplusultra und als quasi unerreichbar. »Ich habe seit einem Jahr über diesen Bulli verhandelt: Der Verkäufer wollte 15.000 Euro und ich bot ihm 12.000 Euro an.« Ein umwerfender Preis, wenn man bedenkt, dass man heute für einen Bulli dieses Typs über 100.000 Euro hinblättern muss! »Ich komme also zum Treffen und am Samstagmittag ruft mich der in der Schweiz lebende Verkäufer an, akzeptiert mein Angebot und schlägt vor, ihn mir für 12.500 Euro nach Frankreich zu liefern. Ich sage sofort zu, obwohl ich absolut kein Geld habe. Ich klebe ein Zu-Verkaufen-Schild auf meinen Bulli. Schon am Nachmittag habe ich ihn für 9.500 Euro verkauft, zu liefern in die Bretagne.« Das hat er am Montag nach dem Treffen erledigt. »Weil ich darin gewohnt hatte, habe ich meine Sachen im Karton verschickt und bin per Anhalter in die Hochsavoyen getrampt, weil ich meinen neuen Bulli an die Garage der Großeltern eines Freundes habe schicken lassen.« Einziges Problem: »Ich hatte meiner Schwester

Von Anfang an hat mich der Samba mit 23 Fenstern zum Träumen gebracht.

Marika versprochen, dass sie im Bulli heiraten könne. Wir hatten den 20. Juni, die Hochzeit war am 4. Juli und der Bulli, den ich gerade gekauft hatte, war seit 30 Jahren nicht mehr gefahren worden.« Tag und Nacht bis drei Uhr morgens arbeitend, in der Garage schlafend, machte Florian seinen Samba wieder flott: »Die erste Ausfahrt sollte zur Hochzeit in Nizza führen. Ich fuhr los, ohne dass er komplett fertig war. Er hatte nicht einmal einen Dachhimmel. Es war gepfuscht, aber ich hatte meinen Traum verwirklicht. Von Anfang an hat mich der Samba mit 23 Fenstern zum Träumen gebracht. Er entsprach für mich mit dem großen Schiebedach dem California-Dreamin'-Klischee. In meinen Jugendträumen musste es unbedingt ein Surfbrett auf dem Dach geben ... Ich glaube wirklich, dass ich anfangs ebenso von dem Lebensstil begeistert war wie vom Fahrzeug selbst.« Gleich nach der Hochzeit genoss Florian diesen Lebensstil, von dem er geträumt hatte, und machte mit seiner Renovierung weiter. »Ich habe den Dachhimmel, den ich bei Serial Kombi gekauft habe, wie die ganzen anderen Teile auf einem Parkplatz eingebaut. Der Bulli war neu lackiert, dabei wollte ich den ursprünglichen Farbton wiederherstellen. Also legte ich eine Plane auf den Boden am Ufer eines Sees und kratzte meinen Bulli in der Badehose ab, alle zwei Stunden machte ich eine Badepause. Die Leute trauten ihren Augen nicht: Sie kamen zum Windsurfen und ich schraubte am Auto. Ich habe sogar am Straßenrand einen ganzen Motor überarbeitet. Ich lebte in meinem Bulli und restaurierte ihn gleichzeitig. Es dauerte den ganzen Sommer 2009, dann ging mir das Geld aus. Mitte September kehrte ich zu meinen Eltern nach Lille zurück und begann wieder, bei meinem Bruder zu arbeiten.« Florian traf Fannie wieder, eine Freundin, die zu seiner Lebensgefährtin wurde. Jeden Tag fuhr er mit seinem Bulli zur Arbeit, dann ein Unfall: »Die Front wurde zerstört.« Florian nutzte das, um ihn vollständig zu überarbeiten. Ein Jahr später machte er seinen ersten Ausflug zu einem Treffen im belgischen Ninove: »Als ich im jungen Alter von nur 24 Jahren mit meinem 23-Fenster-Samba Baujahr 1955 ankam, waren die Leute überrascht. Ich knüpfte viele Bekanntschaften.« Vom Bulli besessen, tauchte Florian immer tiefer in sein Hobby ein: »Ich wurde in seinen Bann gezogen. Mit dem Wunsch, einen immer älteren Bulli, der immer schwerer zu finden war, bin ich immer mehr zum Puristen geworden. Ich machte mich daran, die Überreste eines Barndoor zu kaufen, eines 11-Fenster-Modells aus Deutschland, als Ersatzteilspender ... Ich habe ihn auseinandergeschnitten und die Teile abgelegt. Ich habe so viel gelernt.« Ende 2011 dann lebten Florian und seine Freundin ein Jahr in Kanada. »Weil ich mein Arbeitsvisum nicht bekam, blieb mir viel Zeit, mich in Bulli-Foren umzuschauen, besonders in schwedischen Foren. Warum Schweden? Weil dort keine einheimische Marke Fahrzeuge dieser Art baute und die Schweden Bullis in rauen Mengen importiert haben. Denn in Schweden gibt es viele Jäger, und die Bullis sind ideale Jagdhütten. Man muss sie nur im Wald stehen lassen und schon hat man einen perfekten Unterschlupf. Außerdem muss man dort dafür bezahlen, wenn man sie zum Verschrotten bringt. Deshalb gibt es viele einfach abgestellte Wagen. Bei einigen von ihnen wurde sogar ein Ofen eingebaut. Ich habe mehrere von ihnen in meine Sammlung aufgenommen.« Eines Tages entdeckte Florian in einem Forum das Foto eines Wracks, das in Ontario stand, wo er wohnte. »Es war ein Barndoor mit 23 Fenstern. Ich war völlig von den Socken!« Ein wichtiges Kapitel in Florians Biografie war aufgeschlagen.

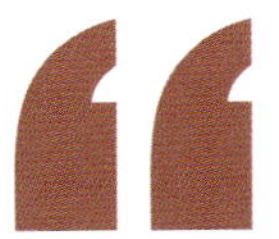

Ein Barndoor von 1952 oder 1953, das sind ganz verschiedene Dinge.

1952 | BARNDOOR

T1 • Samba Deluxe 23 Fenster • 1.131 cm³

»Dieser Bulli, ich weiß, wo er ist!« Diese Nachricht empfing Florian kurze Zeit, nachdem er das Foto dieses abgestellten Barndoor aus Ontario im Forum der Website *www.TheSamba.com* gepostet hatte: »Der Junge erklärte mir, dass dieser Bulli dem Großvater eines seiner besten Freunde gehörte.« Mit der Adresse in der Tasche machte sich Florian auf den Weg, drei Stunden Fahrt von seinem Zuhause entfernt. Als er ankam, war da niemand. »Ich habe im Mietwagen geschlafen und bin am folgenden Tag nochmal hin. Ich traf dann einen 87 Jahre alten Herrn namens Bill Young. Er schien sehr überrascht zu sein, dass ich von der Existenz dieses Bullis wusste. Der war hinten im Garten abgestellt, aber es war Winter und er wollte nicht, dass ich das Risiko einging, zu stürzen, während ich ihn mir ansah.« Der alte Mann gab schließlich nach und reichte Florian zwei Balken, mit denen Florian sich einen Weg durch den Schnee bahnen konnte. »Der Bulli war im Boden versunken und sah sehr klein aus. Auf dem Foto hatte ich nur das Heck gesehen. Doch als ich die verunfallte Frontseite sah, war es wie ein Schock. Ich war ein wenig enttäuscht, aber vor allem sehr aufgeregt: Ich stand vor etwas, von dem ich seit Jahren geträumt hatte. Egal wie sein Zustand war, ich musste ihn retten.« Florian war entschlossen, verstand jedoch auch, dass es viel zu früh war, mit Bill über einen Verkauf zu sprechen. Wieder zu Hause, macht sich Florian auf die Suche nach Informationen über diesen Bulli und fand eine Quelle, die sich mit dem Aufbau der Volkswagen-Filiale in Kanada 1952 befasste: »Eine Reihe von Dokumenten präsentierten eine Liste von zwölf Fahrzeugen: sechs Käfern und sechs Bullis, die im Sommer 1952 durch VW Kanada importiert wurden, um sie bei der Canadian National Exposition CNE, einer Autoschau in Toronto, auszustellen. Die Seriennummern der zwölf Fahrzeuge waren aufgeführt.« Florians Blutdruck stieg steil an! »Ich hatte festgestellt, dass es ein Samba Modelljahr 1952 war, aber ich hatte die Fahrgestellnummer nicht notiert.« Florian kehrte also noch einmal zurück, um sie herauszufinden: »Als ich die Motorhaube öffnete, habe ich feststellen können, dass die Fahrgestellnummer auf eben jener Liste stand. Dieses Projekt, das mir schon unglaublich vorkam, bekam damit eine ganz neue Dimension.« Elektrisiert bis in die Fingerspitzen kann es Florian kaum fassen: »Für echte Barndoor-Fans sind die Bullis bis einschließlich 1952 ganz etwas anderes als die Modelle von 1953, 1954 und 1955. Wenn du einen mit 23 Fenstern findet, bist du schon zufrieden, aber wenn er von 1951 oder 1952 ist, das ist schon eine andere Hausnummer. Ein Barndoor Deluxe von 1952 oder 1953 ist für die meisten Menschen dasselbe, aber in Wirklichkeit handelt es sich um zwei völlig unterschiedliche Fahrzeuge. Alle Teile sind anders: die Anzeigen, die Bänke, die Dachfenster, die noch aus Plexiglas sind. Ein Barndoor Deluxe mit 23 Fenstern Baujahr 1952 kostet heute rund 250.000 Euro. Das gleiche Modell von 1953 oder 1954 hingegen ist zwischen 150.000 und 200.000 Euro wert. Volkswagen begann 1950 mit der Produktion des Bullis und 1951 mit der 23-Fenster-Version. Damals waren es jedoch nur Demonstrationsfahrzeuge für Händler. Die 23-Fenster-Bullis gelangten nicht vor Anfang 1952 in den Handel. Sie sind daher wirklich die ersten. Ich war schon auf Wolke 7, als ich einen gefunden hatte, nun mit seiner unerwarteten Geschichte war das einfach nur wunderbar. Nicht zuletzt, weil anscheinend kein anderes der zwölf auf der Liste genannten Fahrzeuge bis heute

77033 X

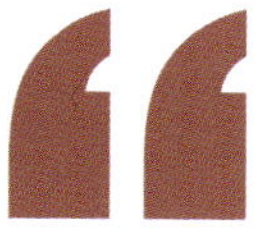

Dieser Bulli ist das Projekt meines Lebens.

wieder aufgetaucht ist.« Florian begann, mit dem Besitzer ausführlicher über den Bulli zu sprechen. »Bill erzählte mir, dass er Schreiner war und den Bulli Ende der 1950er-Jahre von einem Deutschen gekauft hatte. Er nutzte ihn jeden Tag für die Arbeit, hatte aber 1961 einen Unfall. Ein Teil an der Vorderachse war kaputt gegangen, weshalb er die Kontrolle über sein Fahrzeug verlor und mit einem geparkten Lastwagen kollidierte.« Daher die erhebliche Verformung die an der Front zu sehen war. »Nach diesem Unfall waren seine Beine mehr als fünf Jahre lang gelähmt. Die Ärzte sagten ihm, er würde nie wieder gehen können. Dieser Bulli hatte sein Leben verändert, er hing aber sehr an ihm.« Florian bot ihm gleich an, den Wagen zu kaufen. »Bill war überrascht, denn er glaubte, der Bulli sei in einem viel zu schlechten Zustand, um ihn reparieren zu können. Ich antwortete ihm, dass mir das keine Angst mache.« Vergeblich. Florian kehrte heim, gab die Sache aber nicht auf. Einige Zeit später besuchte er Bill erneut, diesmal mit einer Mappe unter dem Arm, Dokumentationen seiner bisherigen Restaurierungen. Bill war beeindruckt. Leider zog unser Fan wieder mit leeren Händen ab. Zur gleichen Zeit lernte Florian Ken King kennen, einen Star in der Barndoor-Szene der USA. Als seine Partnerin nach Frankreich zurückkehrte, begleitete er Ken auf einem Roadtrip nach Kalifornien, wo die Classic Week stattfand, ein riesiges Bulli- und vor allem Barndoor-Treffen, das eine ganze Woche dauerte. »Ich bin über 2.500 Kilometer durch die USA gefahren und erstmals am Steuer eines Barndoor gesessen! Ich war völlig von den Socken!« Dann kam die Zeit, wo es heimkehren hieß. »Nach Frankreich zurückzukehren bedeutete, das 23-Fenster-Modell aufzugeben, das ich gefunden hatte. Kurz vor meinem Barndoor-Roadtrip war ich noch einmal bei Bill und bot ihm 5.000 Dollar an. Aber Bill war immer noch nicht bereit. Also verschob ich meine Abreise um eine Woche und ging ein letztes Mal zu ihm. Und siehe da, Bill sagte okay, aber nicht für 5.000 Dollar! Er fand das angesichts seines Zustands zu teuer: „3.000 Dollar, es wird schon gehen“! Der Beweis, dass es wirklich um Gefühle und nicht um Geld ging.« Jetzt musste er den Barndoor ausgraben. Angesichts des Zustands nicht einfach: »Ich kaufte Kanthölzer, Sägen, Laufrollen und alles, was nötig war, um ganz allein einen im Boden verwurzelten Bulli herauszuziehen. Drei lange Tage habe ich gegraben, befestigt, gesichert und mit dem Leihwagen gezogen. Es war meine erste wirkliche Bergungsaktion!« Denn Florian sollte damit nicht aufhören, sondern er entwickelte sich zu einem Spezialisten für extreme Bulli-Bergungen wie seine Videos unter dem Nick *AirMapp* auf YouTube zeigen. Aber zuerst musste Florian seinen Barndoor noch nach Frankreich expedieren: »Während ich versuchte, einen der ersten nach Kanada exportierten Volkswagen zu retten, feierte eine Radiowerbung das 60-jährige Bestehen von VW Canada mit den Worten: „Erinnern Sie sich, vor 60 Jahren erreichten die ersten Volkswagen kanadischen Boden.“ Dieses Zusammentreffen war unglaublich!« Im Hafen von Toronto sah sich Florian wegen des ungewöhnlichen Zustands seines Fahrzeugs gezwungen, einen ganzen Container zu buchen: »Bei der Ankunft in Le Havre rief mich der Zoll an und erklärte, man sei der Meinung, ich hätte Abfall importiert und das sei verboten. Sie wollten meinen Bulli vernichten!« Nach langen und mühsamen Verhandlungen bekam Florian, ihn frei. Der VW Bus wurde bei den Eltern in der Nähe von Lille geparkt, dann bei ihm im Isère. Mit Feuereifer, aber gründlich, suchte Florian jahrelang nach den Teilen, die er für die Restaurierung seines Barndoor 52 brauchte. »Ich wollte nur Originalteile für den Wiederaufbau verwenden, keine Reproduktionen. Das gleiche gilt für die Karosserie. Ich wollte nur originale Bleche verwenden oder NOS, also *New Old Stock*, was soviel bedeutet wie von VW in den Fünfzigern produzierte, aber noch nie verwendete Bleche.« Wie es seine Art ist, gab Florian nie auf und zahlte für die extrem seltenen Teile Fabelpreise. Nur nicht für die Rücklichter: »Eines Tages meldete sich ein Kanadier, der Bilder gesehen hatte, die ich auf *TheSamba.com* gepostet hatte. Er gestand mir, dass er derjenige war, der vor dreißig Jahren die Rücklichter vom Bulli gemopst hatte. Und er hat sie mir umsonst geschickt, obwohl sie fast 1.500 Euro wert sind!« Heute ist Florian bereit. Er besitzt nun endlich praktisch alle nötigen Ersatzteile, um seinen Bulli herrichten zu können. »Dieser Bulli ist wirklich das Projekt meines Lebens. Und das der Monate, die da kommen sollen …« Die Stunde der Auferstehung hatte endlich geschlagen.

Es ist kaum zu glauben, dass die Person, die bei dem Unfall gefahren ist, den Aufprall überlebt hat. Und doch ...

Florians Bulli genau in dem Zustand, wie er ihn vor acht Jahren in der kanadischen Provinz Ontario gefunden hatte.

Barndoor bedeutet Scheunentor und bezieht sich auf die große Hecktür. Hinter ihr verbirgt sich auch der Kraftstofftank.

Das typische kanadische Volkswagen-Logo ist trotz der Jahre und des Rosts erhalten geblieben.

Markus S.

1973 | Grisu

E VW 873H
E FW 2039

Freiw.
Breitenheim
E VW 873H

Mit all seinen Feuerwehrschläuchen ist der Feuerwehr-Bulli von Markus wieder einsatzbereit … jedenfalls fast.

Die Wohnmobile von Volkswagen sind das Credo von Markus. Doch beim Durchschauen der Kleinanzeigen stieß er auf dieses einmalige Feuerwehrauto, das zum Verkauf stand. Ein Traum sollte wahr werden. Und eine Liebesgeschichte beginnen …

Ich habe mir damals gesagt, dass diese Bullis etwas Spezielles haben mussten.

Markus S.

Für manche ist das Leben in einem Wohnmobil fast ein Priesteramt. Markus hat sich dieser Religion verschrieben, seit er den Führerschein in der Tasche hatte: »Ich machte meinen Führerschein 1988. Ich träumte von einem Oldtimer, mit dem ich in den Urlaub fahren konnte. In meiner Schule, der, wo ich jetzt als Sozialarbeiter arbeite, gab es einen Musiklehrer, mit dem ich mich sehr gut verstanden habe. Er besaß einen VW Transporter T3 in der Wohnmobilversion und wir unterhielten uns oft über Autos. Er war es, der mir vorschlug, einen Bulli zu kaufen und ihn in einen Camper umzubauen. Damals war dieser Fahrzeugtyp nicht teuer, weder der Kauf, noch die Versicherung. Ich fand die Idee richtig gut. Ich habe mir dann Fachliteratur besorgt und ein Buch gekauft, *Campingbusse selber machen*, ein Buch, das seitdem auf meinem Nachttisch liegt. Meinen ersten VW Transporter habe ich 1990 gekauft. Es war ein T3 Diesel Baujahr 1983 mit einem 50-PS-Motor. Ich habe 4.000 Euro ausgegeben und mit den restlichen 1.000 Euro baute ich meinen ersten Camper. Damit verbrachte ich den ganzen Frühling dieses Jahres und bereitete mich gleichzeitig auf meine Prüfungen vor. Als er fertig war, war ich so glücklich, dass ich am Steuer meines VW Busses zur Überreichung meines Diploms gefahren bin. Danach bin ich ab in den Urlaub und verbrachte ihn so oft wie möglich mit meinem Wohnmobil.« 1995 entdeckte Markus in einer Fachzeitschrift das VW-Bus-Treffen Deutschland, ein großes Bulli-Event, das im Frühjahr stattfindet und vom VW Bus Club Koblenz organisiert wird. Zufälligerweise war ihm dieser Club nicht unbekannt: »Als ich meinen T3 kaufte, erhielt ich vom damaligen Besitzer einen Prospekt über die von diesem Club organisierten Treffen, verstand aber nicht wirklich, worum es ging.« Markus erkannte den Club wieder und beschloss, auf das Treffen zu fahren: »Dort war es, wo alles für mich begann! Ich war so beeindruckt, die vielen VW Busse dort auf einem Haufen zu sehen, vom T1 bis zum T4. Die Leute waren sympathisch, die Stimmung super. Ich habe mir damals gesagt, dass diese Bullis etwas Spezielles haben mussten. Warum sonst würden Hunderte von Menschen zusammenkommen, um sie zu feiern?« Bei Treffen und im Urlaub amüsierte sich Markus am Steuer seines T3 bestens, doch in Deutschland stiegen die Steuern auf alte Dieselfahrzeuge und Markus begann darüber nachzudenken, ihn zu ersetzen: »1996 verkaufte ich meinen T3 für einen T4 mit kurzem Radstand, den ich sofort zum Wohnmobil umbaute – mit allem Komfort im Interieur und einem Variodach.« Sechs Jahre später das gleiche Spiel: Markus wechselte wieder seinen Transporter: »Die Idee war, das Wohnmobil noch komfortabler auszugestalten, es aber auch im Alltag zu nutzen. Ich kaufte einen T4 Baujahr 2001 mit langem Radstand, ausgestattet mit einem TDI-Motor mit 102 PS und nur 333 Kilometern auf dem Tacho. Ich habe zwei Jahre an diesem Projekt gearbeitet und ein Hochdach eingebaut. Ich hatte Erfahrung gesammelt und wusste genau, was ich tat.« Nach seinem ersten Urlaub in Norwegen machte sich Markus auf den Weg zum VW-Treffen, wo er seine Freunde traf. »Als eines Abends die Diskussion etwas länger als erwartet dauerte und sich bis in die Nacht ausdehnte, kamen wir auf die Idee, einen eigenen Club von Bulli-Fans zu gründen. Und so haben wir 2005 die IG Bulli Rhein-Ruhr gegründet.« 2006 dann gelang Markus seine schönste Anschaffung: Ein funkelnder Feuerwehr-Bulli Baujahr 1973! Inzwischen hat Markus sein Urlaubsfahrzeug erneut getauscht. Zusammen mit seiner Ehefrau Kerstin entschied er sich für einen komfortablen Karmann Colorado T4 Baujahr 2001 mit allem Komfort, vor allem deshalb, um auch mal im Winter campen zu können. Aber es ist klar, dass die Trennung von dem Auto, das er liebevoll *Grisu* nennt, immer Wehmut auslösen wird.

Freiw. Feuerwehr
Breitenheim

1 3
R 2 4

MARTINSHORN
BLAULICHT
Eigentum der
Verbandsgemeinde
Meisenheim

Ich bin total verliebt in diesen Bulli!

1973 | GRISU

T2 • Feuerwehr • 1.600 cm^3

G*risu* ist ein Volkswagen T2b Baujahr 1973. *Grisu* ist ganz rot und obwohl sein Spitzname von einem kleinen Drachen aus einer Zeichentrickserie entlehnt wurde, spuckt er kein Feuer, ganz im Gegenteil: Er löscht es! Für kleine Kinder ist Grisu ein Drache, der Feuerwehrmann werden will. Für große Kinder, wie Markus, ist *Grisu* sein schönes rotes Feuerwehrauto. Dieser Bulli hat am 20. Juni 1973 das Werk in Hannover verlassen. Er war mit einem 50 PS starken Vierzylinder-Boxermotor und einem Vierganggetriebe ausgestattet. Er wurde an die deutsche Firma Ziegler geliefert und dort mit der gesamten Ausrüstung ausgestattet, die für den Einsatz bei der Feuerwehr erforderlich ist: die Fächer für die Feuerwehrschläuche, der Dachträger mit seinen zwei Holzleitern, das Blaulicht sowie die Wasserpumpe, die von einem speziell zu diesem Zweck entwickelten VW-Motor angetrieben wird. »Am 15. Juli 1973 wurde der Bulli an die freiwillige Feuerwehr des kleinen Dorfs Breitenheim in der Nordpfalz ausgeliefert, pünktlich zu deren 10. Geburtstag«, erzählt Markus. »Er war dort 33 Jahre im Einsatz! Am 6. September 2006 nahm die Feuerwehr einen neuen Einsatzwagen in Empfang und beschloss, diesen Bulli zu verkaufen. Ich habe die Anzeige im Dezember entdeckt und mit einem Freund habe ich mir diesen Bulli kurz entschlossen genauer angesehen. Es war der 12. Dezember 2006.« Als Markus in Breitenheim ankommt, findet er einen Bulli vor, der in 33 Dienstjahren nur 9.736 km zurückgelegt hat: »Er war in einwandfreiem Zustand, weil er stets perfekt gewartet wurde, um im Falle eines Einsatzes ja nicht auszufallen, und natürlich wurde er in der Garage sorgfältig vor Witterungseinflüssen geschützt. Ich habe immer von einem T1 oder einem T2 geträumt. Sein Zustand war schon außergewöhnlich gut.« Die Anschaffung dieses Bullis machte viel Sinn für Markus, der seit 1992 ehrenamtlich beim Rettungsdienst arbeitet. »Als ich ihn kaufte, war er vollständig leer geräumt und bar aller Ausrüstungsgegenstände.« Markus aktivierte seine Kontakte bei den vielen Feuerwachen, seinem Freundeskreis, schaute sich oft bei Trödlern um und schaffte es, sein Feuerwehrauto mit der kompletten Serviceausstattung zu befüllen: »Nichts funktioniert, aber zum Vorführen reicht es. Ich habe andere Freunde meines Clubs IG Bulli Rhein-Ruhr dazu gebracht, einen anderen Feuerwehr-Bulli sowie einen ebenfalls roten Krankenwagen-Bulli zu kaufen. Wenn wir zusammen auf Treffen gehen, klatschen uns die Leute auf der Straße zu. Der Kauf dieses Feuerwehrautos war die beste Entscheidung, die ich hätte fällen können: Ich bin total verliebt in diesen Bulli!«

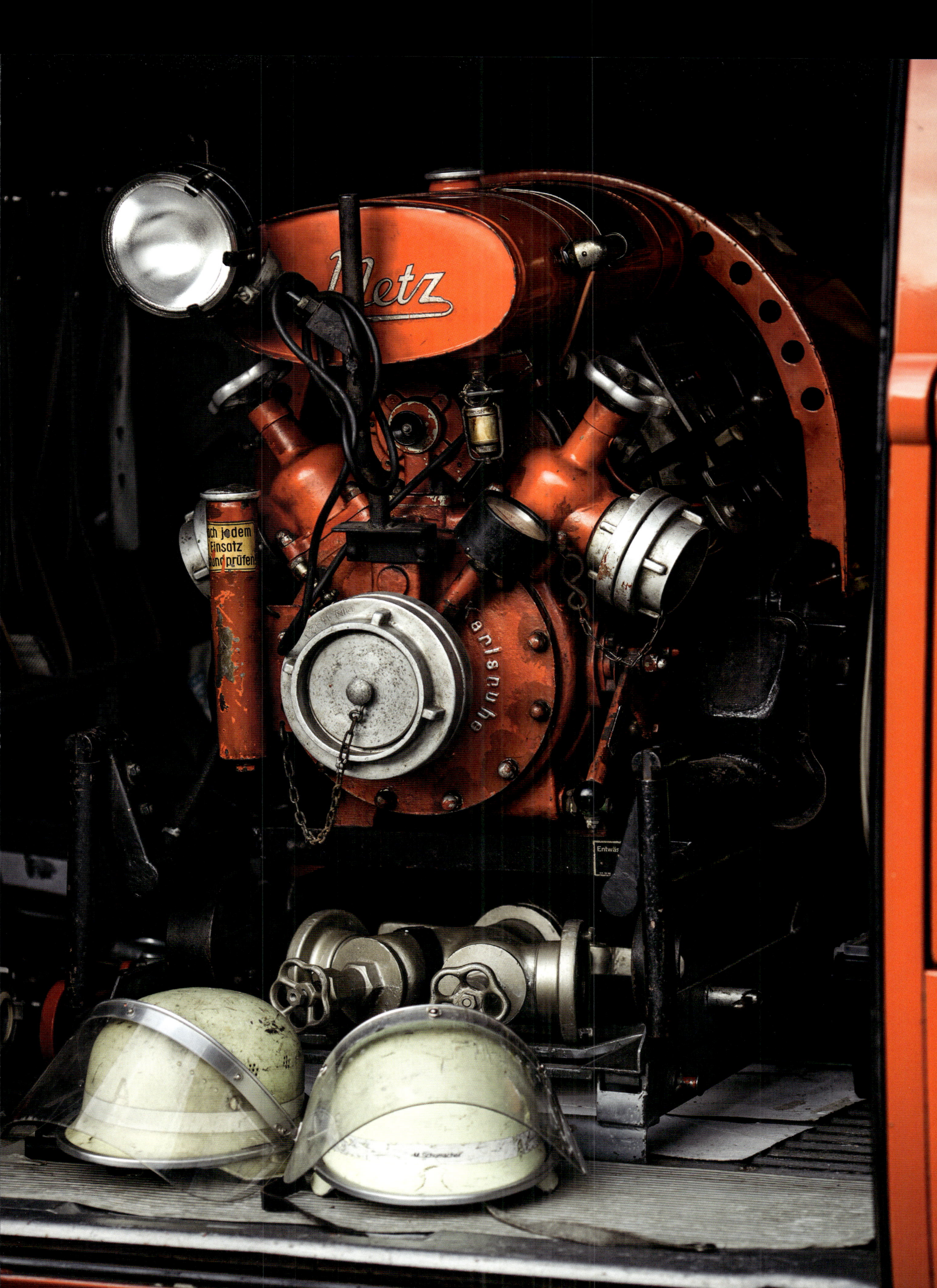
Metz
jedem
Einsatz
Karlsruhe

Markus hat diesen Bulli ohne Zubehör und Ausrüstung gekauft. Die trieb er glücklicherweise später auf. Hier eine Winkerkelle.

Die 1966 von der Firma Metz hergestellte Pumpe wird von einem VW-Motor angetrieben, oben im Bild der Wasserfilter.

Freiw. Feuerwehr
Breitenheim

Mit seiner zweiteiligen Holzleiter, seinen Scheinwerfern und seinen Blaulichtern sieht dieser Bulli T2b vom Typ 21F großartig aus.

Mit dem T1 begann die Geschichte der Feuerwehr-Bullis. Die Stoßstangen T2a und T2a/b waren schwarz, beim T2b aber weiß.

Freiw. Feuerwehr
Breitenheim
E VW 873H

Stephan S.

1965 | Stella

Schwedischer Armeeofen, italienische Kaffeemaschine, kolumbianischer Kaffee, englischer Clubbecher, alles im deutschen Bulli eines belgischen Fans.

Für Stephan geht das Leben in einem Bulli weit über die Urlaubszeit hinaus. Seit seiner ersten Ausfahrt ist er in ihn verliebt. Stephan hat sich den Bulli seiner Träume erschaffen, ein maßgeschneidertes Hochdachmodell, das perfekt für seine Einsneunzig geeignet ist.

Als ich zum ersten Mal einen Bulli fuhr, habe ich mich in ihn verliebt.

Stephan S.

»Meine Liebe zum Bulli begann mit 17 Jahren. Eines Tages besuchte uns in der Schule ein etwas verschrobener Künstler. Er hatte seinen VW Käfer in eine Riesenspinne verwandelt. Kürzlich hatte er in Frankreich Land gekauft und suchte nach Leuten, die ihm gegen kostenlose Ferien bei seinen Arbeiten helfen konnten. Ich lebte damals in Belgien in einem Vorort von Antwerpen. Das Angebot hatte mich sofort interessiert. Er fragte mich, ob ich ein Auto hätte, ich sagte nein. Und einen Führerschein? Ich war gerade dabei ... Mein 18. Geburtstag stand kurz bevor, und dann hatte ich den Führerschein in der Tasche. So bot mir der Künstler Folgendes an: „Wenn du dieses Auto reparierst, kannst du damit zu mir nach Frankreich fahren." Und es war ein Bulli!« Stephan, der damals Hüttenwesen studierte, interessierte sich eigentlich nicht besonders für diesen ulkigen VW Bus: »Doch beim ersten Mal als ich den Bulli fuhr, habe ich mich in ihn verliebt!« Der Künstler lieh den Stephan den Wagen, der ihn nach Belieben nutzte: »Der Bulli hat funktioniert, aber er hatte ernsthafte Motorprobleme. Anstatt diese Probleme zu lösen, zog ich es mit meinen 18 Jahren vor, ihn zu verwenden, um mit all meinen Freunden zu feiern. Jede Woche wurde ich von der Polizei angehalten. Manchmal bis zu dreimal am Tag! Es dauerte mehr als sechs Monate, aber ich habe ihn weder repariert noch nach Frankreich gebracht. Es war meine erste starke Beziehung zu einem Bulli!« Ein paar Jahre später, als Stephan auf einer Kleinanzeigen-Website surfte, stieß er auf ein verlockendes Angebot: »Ein Bulli wurde nur zwei Kilometer entfernt zum Verkauf angeboten. Das war so nah, dass ich nicht anders konnte, als einen Blick darauf zu werfen. Es war ein Samba mit 23 Fenstern.« Als echter Neuling leistete sich Stephan also seinen ersten Bulli, ganz gleich welchen! Aber das Vergnügen ist nur von kurzer Dauer: Der Samba, den er gerade gekauft hat, kommt aus Kolumbien und weist zahlreiche Schäden auf: »Es war wirklich kein gutes Geschäft! Zwei Wochen später tauschte ich ihn gegen einen T1 Baujahr 1962 mit elf Fenstern. Er war großartig, aber für meinen Geschmack etwas zu schön und zu glänzend. Ich habe ihn nur ein paar Monate behalten, er war einfach nicht mein Stil.« Stephan verkaufte seinen VW Bus wieder und begab sich mit seinem Geld in der Tasche zu einem der größten Bulli-Spezialisten in Europa, der ebenfalls in Antwerpen ansässig ist: »Ich bin also zu Bob's BBT und fragte einfach: ›Ich will einen Bulli kaufen. Was können Sie mir anbieten?‹ Als ich den Verkaufsraum betrat, entdeckte ich einen T1 Westfalia Baujahr 1966, ganz in Weiß. Der war gerade aus den USA gekommen. Mir hat er sofort gefallen!« Stephan passte den neuen Bulli an seinen Geschmack und den vorgesehenen Zweck an, setzte sich hinters Lenkrad, um Europa zu durchstreifen. »Ich habe ihn drei Jahre behalten, aber nach vielen Urlauben war mir klar, dass er für meine Einsneunzig zu klein war. Da ich die Surfbretter auf dem Dach hatte, habe ich es nie geöffnet. Deshalb habe ich einen Schlussstrich unter den Westfalia gezogen und machte mich auf die Suche nach einem Modell mit Hochdach.« Gut zehn Monate lang checkte Stephan Anzeigen und wurde schließlich in Portugal fündig, doch der Preis war leider viel zu hoch. »Zwei Monate später rief mich ein Bulli-Händler aus Holland an und sagte mir, dass er etwas für mich habe. Es war der Wagen, den ich in Portugal ausfindig gemacht hatte. Er bot ihn mir 20 Prozent billiger an mit Lieferung frei Haus. Ich sagte auf der Stelle zu!«

PLEASE KEEP
THIS GATE
SHUT TO AVOID
CATTLE STRAYING
CAMPMOBILE
CAFE

CROATIA
SERBIA
BRATISLAVA
SLO
14
LIECHTENSTEIN
CYMRU
Südtirol
LISBOA
LEVANTE
TARIFA
PARAISO NATURAL
BIDART
BISCA
LIVIGNO

CAMPMOBILE

Er ist genau wie ich ihn mir wünschte und ich werde ich nie verkaufen!

1965 | STELLA

T1 • Hochdach • 2.054 cm³

»Ich war total aufgeregt, als ich meinen Hochdach-Bulli zum ersten Mal zu sehen bekam. Das war vor ungefähr zwölf Jahren. Anderthalb Jahre arbeitete ich jede Nacht an ihm: Ich wollte, dass es mein ultimativer Bulli würde. Als ich zum ersten Mal damit fuhr, schlug mein Herz so heftig! Ich war glücklich, weil ich endlich den Bulli meiner Träume geschaffen hatte!« Ursprünglich war Stephans VW Bus ein 1965er-Hochdachmodell, das in einer Kastenwagen-Konfiguration nach Portugal exportiert wurde, weil das die Landesgesetze damals vorgeschrieben hatten: »Die portugiesischen VW-Händler hatten spezielle Werkzeuge zum Aufschneiden der Karosserie und zum Einsetzen von Fenstern wie beim originalen Bus. Aus diesem Grund waren damals 99 Prozent der Bullis in Portugal umgebaute Kastenwagen. Mein Bulli diente zuerst zur Beförderung von Menschen in die Fabriken. Deshalb hatte er hinten nicht zwei, sondern drei Sitzbänke. Dann wurde er rund dreißig Jahre lang auf einem Feld abgestellt. Glücklicherweise stand er unter einem Schutzdach. Deshalb war nur die Vorderseite der Witterung ausgesetzt und er nur dort verrostet. Infolgedessen war er bei der Übergabe in einem ziemlich guten Zustand.« Stephan, der ein Reisender vor dem Herrn ist, hat natürlich die Bremsen verstärkt, aber auch einen kräftigeren Motor eingebaut: Der Vierzylinder-Boxer hat einen Hubraum von 2.054 cm³ anstelle der ursprünglichen 1.500 cm³. Aus Komfortgründen stattete er ihn mit einem der vielen Westfalia-Interieurs aus, die er gekauft hatte: »Das war mein Hobby! Ich habe mich immer wieder gefragt, welche Innenausstattung ich nehmen sollte. In meiner Garage befanden sich zahlreiche verschiedene Westfalia-Stile: SO23, SO45, SO42, SO69 ... Schließlich fiel meine Wahl auf SO23, dessen Stil ich besonders bewunderte. Aber da war noch eine Sorge: Im Urlaub wurde mir klar, wie wichtig es ist, dass meine Partnerin leicht von vorne in den Rückraum wechseln kann, damit sie sich um die Kinder kümmern kann. Ein freier Durchgang zwischen den beiden Vordersitzen war deshalb unabdingbar. Das erste was ich machte, war, die Bank auseinanderzusägen!« Der Pragmatiker Stephan bevorzugt einfache statt komplizierte Lösungen. So entschied er sich für ein Hängematten-System in seinem Bulli, wodurch er die Schlafkapazität auf fünf Personen erhöhte. Praktisch, wenn man drei Kinder hat ... Hinter dem Lenkrad von *Stella*, wie er seinen Bulli liebevoll taufte, hat Stephan mehr als 200.000 km zurückgelegt. »Dieser Bulli ist ein Teil von mir, von meinem Leben. Er ist genau wie ich ihn mit wünschte und ich werde ich nie verkaufen! *Stella* ist zauberhaft.«

VOLKSWAGEN
KUSTOM
OBN 108
08

Diese Felgen stammen von Airevo, Reproduktionen der berühmten BRM, Ikonen des Cal-Looks, aufgezogen sind vorne 15 und hinten 17 Zoll.

Die originalen Scheinwerfer und Blinker verleihen Stephans Bulli in Kombination mit den Rissen im Lack ein einzigartiges Aussehen.

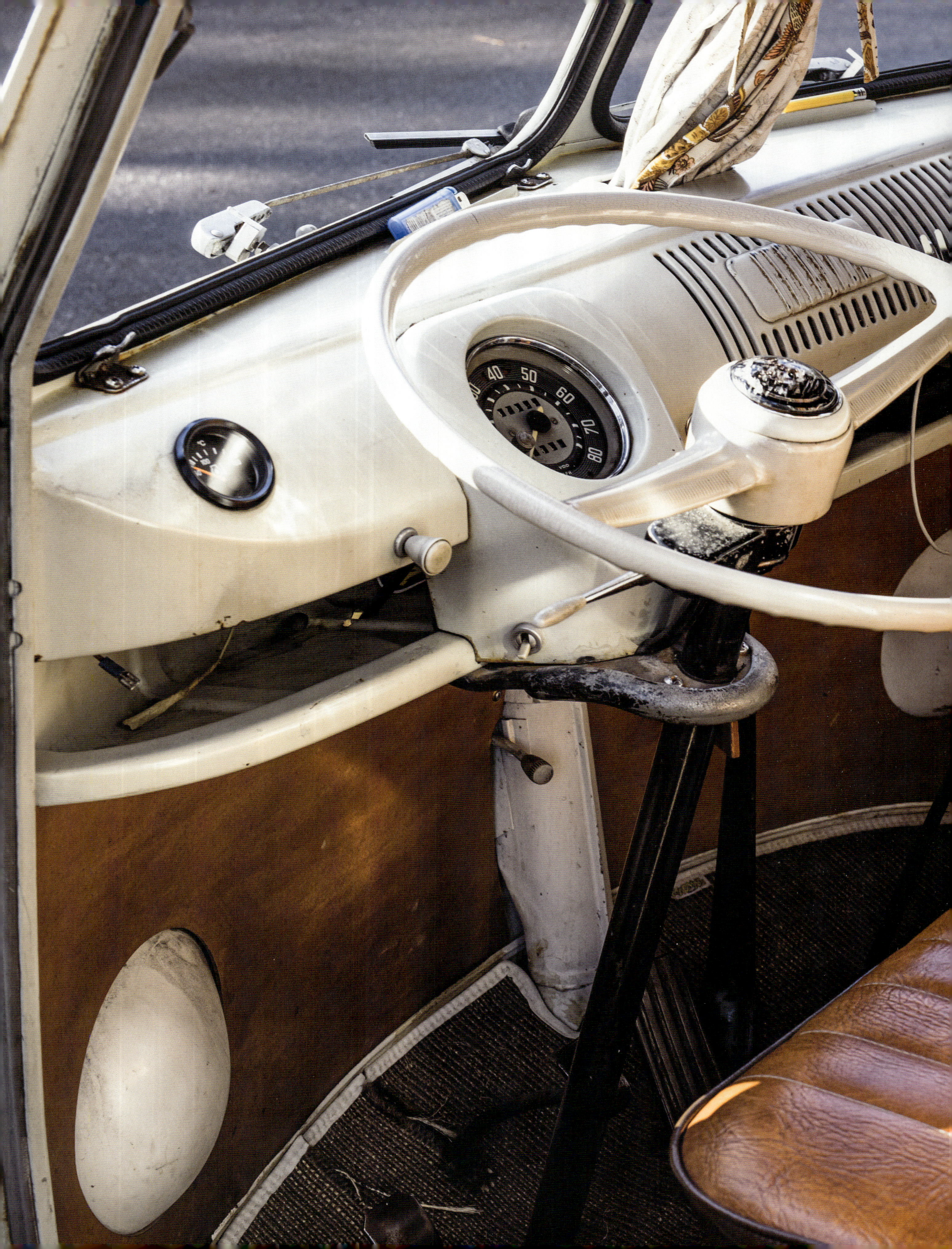
40
50
60
70
80

NOTICE

Der Bulli ist ein mobiler Lebensraum und bietet alles, was der Roadtripper braucht: Taschenlampe, Flaschenöffner, Kappe und Papiertuch …

Alfred, der rosa Flamingo, ist der Schutzengel von Stephans VW Bus *Stella*. Sind Bulli-Besitzer etwa große Kinder?

BULLI-

Schnappschüsse

Halt an der Algarve-Küste im Süden Portugals im August 2011. Nach einem Motorschaden musste Stephan seinen 1,7-Liter- durch einen alten 1,3-Liter-Motor ersetzen. Man erkennt auf dem Dachträger das defekte Triebwerk, das ihn da oben auf seiner Reise begleitet.

Urlaub im Südwesten Frankreichs im August 2015, hier in Hossegor. Die Reise führte *Stella* von Biarritz zur Ile de Ré.

Ebenfalls 2011 macht Stephan, der zur Orientierung nur Karten verwendet, einen Zwischenstopp an einem kleinen Strand im spanischen Chipiona südlich von Sevilla. Sein Sohn Lowie war damals ein Jahr alt.

Wie könnte man die Lebenskunst des Bullis genießen, ohne sich daran zu erinnern? Die Fans, denen man auf den folgenden Seiten begegnet, blättern für uns in ihren Fotoalben, damit wir ihre schönsten Momente miterleben können, die sie mit ihrem teuren Bulli teilen durften. Gute Reise …

Norberts Spielzeug: Kastenwagen Baujahr 1967 für die Arbeit, Doppelkabinen-Pritschenwagen von 1959, Bus mit elf Fenstern von 1964 vor der Restauration.

Der Bulli von Markus posiert auf einem VW-Treffen stolz neben anderen Feuerwehrautos, darunter im Hintergrund ein Feuerwehr-T1.

Der 1973er T2b in Aktion, als er von der freiwilligen Feuerwehr im deutschen Breitenheim eingesetzt wird.

Aude sitzt abfahrtbereit am Steuer ihres geliebten T2 Westfalia auf dem Weg zu Freiheit und Entdeckungsfahrten, befeuert von jugendlicher Begeisterung.

Chooky posiert 2015 stolz an der berühmten steilen Kurve Eau Rouge auf der Rennstrecke von Spa-Francorchamps: Er hat gerade den Best of Show Award gewonnen.

Antoine und seine Musikband stellen ihre Instrumente für ein Open-Air-Konzert auf. Sein Hippie-Bully als vollwertiges Bandmitglied ist natürlich mit von der Partie!

Monica und Ulrich auf einer ihrer vielen Reisen mit ihrem Bulli namens *Flo*.

Pitchoune begnügt sich nicht damit, Touristen Lyon zu zeigen. Er posiert auch für professionelle Fotoshootings, wie hier vor der Oper auf der Place de l'Hotel de Ville in Lyon.

Renaud gelang es, sein Projekt zum Bau eines Porsche Rennstall-Service-Bullis, in diesem Fall eines T1 Kastenwagens Baujahr 1966, umzusetzen.

Der erste von Renaud für sein Porsche Servicewagen-Projekt gekaufte Bulli war ein Kombi Baujahr 1964 im Hippie-Stil. Es hatte nicht das Herz, ihn umzulackieren.

2015 kehrte Bob mit seinem Samba zum Aero-Club Wolfsburg zurück. Der Bulli hatte dort von 1959 bis 1985 Segelflugzeuge gezogen.

Im Juli 2015 sind Bob und sein Bulli auf dem Weg nach Italien über die Großglockner Hochalpenstraße, den höchsten Straßenpass der Alpen in Österreich mit 2.505 m über dem Meer.

Pascals Dragster-Bulli wärmt vor dem Start während des Santa Pod Raceway Festivals in England die Reifen auf.

Der *Wind Split* im burgundischen Fley auf dem französischen VW-Bus-Meeting 2014, einem der größten europäischen Bulli-Treffen. Es wird von Pascals Firma Serial Kombi organisiert.

2013 setzte Florian einen Hubschrauber ein, um diesen Barndoor-Kastenwagen Baujahr 1951 zu bergen, der in Schweden in Eis und Wasser festgesteckt war.

Eine weitere Bergung in Schweden: Auch für diesen Barndoor-Bus Baujahr 1952 wird ein Hubschrauber benötigt, um ihn aus dem Naturpark herauszuholen, wo er einst abgestellt wurde.

Der Samba Deluxe Barndoor mit 23 Fenstern Baujahr 1952, wie ihn Florian nach mehr als fünfzig Jahren Einsamkeit in Bills Garten in Kanada fand.

Florian beherrscht die Kunst der extremen Bergung von Bullis meisterhaft. Diese unglaubliche Geschichte sowie die vorherigen sind auf seiner YouTube-Seite als Video verfügbar.

Um zu sehen, wie Florian, unterstützt von ein paar Freunden, es geschafft hat, diesen Kastenwagen Baujahr 1955 wieder instand zu setzen und er sich zur Ausfahrt hinters Lenkrad klemmt, sieht man in seinem Video *Resurrection* auf YouTube.

Dank Pascal von Serial Kombi konnte Florian in den Alpen auf 1.300 m Höhe steigen, um mit allen nötigen Teilen an der Auferstehung dieses vergammelten Kastenwagen zu arbeiten.

Zwei Tage lang wechselten Florian und seine Freunde in einem Wald das Bremssystem, den Kabelbaum, ersetzten den Kraftstofftank und bauten einen neuen Motor ein.

2013 unternahmen Sébastien und seine Familie ein Familienpicknick. Das kleine Vordach, Tisch und Stühle sind zeitgenössisch und passen perfekt zum Bulli.

Jeanne bereitet das Frühstück für die Familie vor: »Einer der besten Momente des Lebens in einem Bulli«, sagt Sébastien.

Die Corrèze ist das Lieblingsurlaubsziel der Familie. *Be Happy, Be Combi,* und der Platz am Wasser sind ein absolutes Muss.

Boris ist ein vollwertiges Familienmitglied und hat Anspruch auf seine Geburtstagstorte. 2015 feiert er seinen 40. Geburtstag.

Thomas Cortesi (rechts) und Michaël Levivier (links), in der Ausstellungshalle von Bob's BBT in Belgien.

DANKSAGUNG

Die Autoren bedanken sich herzlich bei allen Bulli-Fans, die ihnen ihre Zeit geschenkt haben, um die Liebe zu ihrem Bulli zu teilen und ihre Leidenschaft zu bezeugen.
Die Autoren danken auch Vincent Boucher von Volkswagen Frankreich, Pascal Amodru von Serial Kombi, Bob Van Heyst von Bob's BBT und dem Journalisten Georg Otto für ihre wertvolle Hilfe.

EIN AUTORENWORT

Dieses Buch möchte die Leidenschaft für den Bulli durch Aussagen und Fahrzeuge von Fans dieser Ikone dokumentieren. Daher eine Auswahl von Bullis und Personen, die ausschließlich auf Begegnungen und subjektiven Eindrücken basieren.

BILDNACHWEIS

Sämtliche Abbildungen stammen von Thomas Cortesi, außer denen auf den Seiten 230 bis 239. Diese Fotos stammen von den in den Bildunterschriften erwähnten Personen.

IMPRESSUM

Herausgeber: Jérôme Layrolles
Verantwortlich : Flavie Gaidon
Produktionsleitung: Patrice Perna
Künstlerischer Direktor : Charles Ameline
Grafische Konzeption : Magali Levivier (ML&Co.)

Verantwortlich für die deutsche Ausgabe: Lothar Reiserer
Übersetzung und Satz: Michael Döflinger
Umschlaggestaltung: GM
Herstellung: Markus Drapatz

Gedruckt im September 2020 von Estella Graficas, Spanien

Unser komplettes Programm finden Sie unter

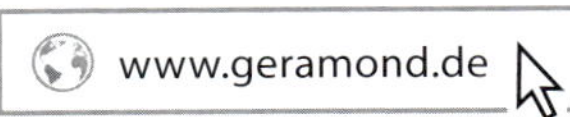

Die Deutsche Nationalbibliothek verzeichnet diese Publikation in der Deutschen Nationalbibliografie; detaillierte bibliografische Daten sind im Internet über http://dnb.d-nb.de abrufbar.

Titel der Originalausgabe: Combi. Un art de vivre
Text: Michaël Levivier
Fotos: Thomas Cortesi
Published by Editions E/P/A - Hachette Livre, 2020

ISBN 978-3-95613-122-6